悦食Ⅳ——顶级餐厅设计集成

Top Restaurants Design Collection

本书编委会 编

中国林业出版社
China Forestry Publishing House

图书在版编目（C I P）数据

悦食：顶级餐厅设计集成. 4 /《悦食》编委会编.
-- 北京：中国林业出版社, 2015.3
ISBN 978-7-5038-7911-1

Ⅰ. ①悦… Ⅱ. ①悦… Ⅲ. ①餐馆－室内装饰设计－
图集 Ⅳ. ① TU247.3-64

中国版本图书馆 CIP 数据核字 (2015) 第 051910 号

《悦食》编委会成员名单

策　　划：苇杭文化
顾　　问：孔新民
主　　编：贾　刚
编写人员：贾　刚　柳素荣　高囡囡　王　超　刘　杰　孙　宇
李一茹　姜　琳　赵天一　李成伟　王琳琳　王为伟
李金斤　王明明　石　芳　王　博　徐　健　齐　碧
阮秋艳　王　野　刘　洋　陈圆圆　陈科深　吴宜泽
沈洪丹　韩秀夫　牟婷婷　朱　博　宁　爽　刘　帅
宋晓威　陈书争　高晓欣　包玲利　郭海娇　牛晓霆
张文媛　陆　露　何海珍　刘　婕

中国林业出版社 · 建筑分社
责任编辑：纪　亮　王思源

出版：中国林业出版社
（100009 北京西城区德内大街刘海胡同 7 号）
网址：http://lycb.forestry.gov.cn/
电话：（010）8314 3518
发行：中国林业出版社
印刷：北京利丰雅高长城印刷有限公司
版次：2015 年 4 月第 1 版
印次：2015 年 4 月第 1 次
开本：230mm × 300mm，1/16
印张：18.5
字数：150 千字
定价：298.00 元

序言 PREFACE

从狂欢到理性

近年来，中国的经济发生了巨大的变化，直接对中国的餐饮，特别是比较高大上的餐饮产生了巨大而深远的影响，一些著名的餐饮公司陷入了重重危机，凡此种种都促使从事餐饮设计的公司不得不思考应对之策。其实，之前餐饮企业的膨胀并不是常态，在那样的境遇之下，餐厅设计追求的也是戏剧化、表象的狂欢，当时出现了许多表演型的空间，极大地刺激人们的感官，但徒有浮华的表象，而没有深度的内容建构。

当浮华褪去，理性的力量慢慢显现，餐饮企业也在思考转型之路，许多之前一味追求高大上的企业，纷纷开始关注普通老百姓的饮食之大欲了。与之前高大上的餐厅相比，转型之后的餐厅面积要小很多，投入也理性许多，但这并不意味着对设计的不重视，相反这样的小型空间设计的重要性越发明显。当然，面对这样的餐厅，设计师也许不可以像之前那么任性，但设计的魅力不正在于带着镣铐跳舞？在限制之下，更考验设计师处理问题的能力，这才是设计真正的价值所在。

社会餐饮对设计的日益重视是当下设计界的一大现象，其中最为成功的就是外婆家了。这固然彰显了设计的价值，也是对设计本质的回归，设计师艺术性地帮助业主处理问题。当然，随着社会的发展，中国的餐饮空间会出现越来越多元的局面，这都有赖于业主与设计师联合以前瞻性的思维共同面对真正的需求。浮华的餐饮设计时代结束了，但真正好玩的时代才刚刚开始，未来的餐饮空间需要深度的内容建构，这是设计的福音，我们期待看到更多理性、好玩、充满可能性的餐饮空间。

孔新民

2015 年 1 月 6 日

目录 CONTENTS

7017 Restaurant

7017 餐厅

项目名称：7017 餐厅
项目地点：杭州
建筑面积：700m²
设计单位：BE DESIGN 杭州本懿设计工作室
参与设计：陈蕾、程方、张静
主要材料：实木板、水泥、黑铁皮、仿真绿植
摄 影 师：王飞

7017 餐厅——杭州滨江中财店的设计以 " 牧场 " 为主题，提倡用原始新鲜食材的健康饮食理念。该餐厅位于杭州滨江通和路 68 号（靠近滨江区政府中财大厦）。项目运用极具现代工业感的设计理念结合木板桌、植物墙、干草、酒桶、浇水罐和立面动物形状的剪影等装饰手法，旨在塑造一个真实的牧场用餐环境，让食客品尝新鲜美味的同时在别样的用餐氛围中享受美食中的乐趣。

Waffle Hut
沃夫克

项目名称：沃夫克
项目地点：杭州
建筑面积：200m^2
设计单位：BE DESIGN 杭州本懿设计工作室
参与设计：陈蕾、程方、张静
主要材料：实木板、水泥、黑铁皮
摄 影 师：王飞

沃夫克是来自比利时的松饼品牌。老板使用高质量的原物料，经过 180 分钟的温室发酵、180 分钟的高温现场烘焙、180 分的坚持，做出热腾腾散发麦香的松饼松软松脆，可搭配水果、巧克力、焦糖、花生、冰淇淋等多种口味。富有情感的制作，结合创意诱人的摆盘，如此感动的滋味让许多女孩决定将其与更多的人分享。

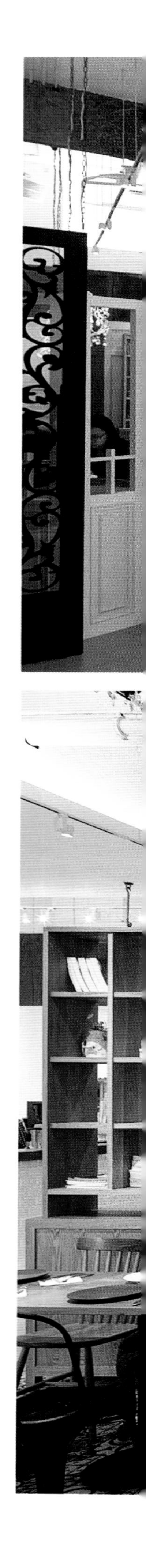

门头的设计保留了原建筑的格局，用雨棚、花艺、户外散座等简单的单品搭配营造轻松随意的国外街边店的场景，犹如全然置身于比利时的街头。室内大胆地运用了色彩的设计方案，将各种款式的欧式门板作为载体，赋予它们颜色，散落每个角落。抽象化的彩色地砖和水泥材质搭配将功能区域划分，呈现出丰富的层次感。软装上复古简欧的家具搭配色彩款式各异的设计师款座椅，吊顶大量复古水晶灯的运用，赋予女性餐厅空间特有的柔美特质。

Pineapple
橙汁
Orange Juice
18rmb
经典茶饮 Classic tea
22rmb
苹果汁
Apple Juice
伯爵红茶
Earl Grey

721 Tonkatsu Restaurant

721 幸福牧场

项目名称：721 幸福牧场
项目地点：上海
建筑面积：200m²
设计单位：古鲁奇公司
设 计 师：利旭恒
参与设计：赵爽、季雯
摄 影 师：孙翔宇

生活在世界上最繁忙的城市之一——上海，人们似乎都有一种乌托邦式的梦想，有些不切实际，但毫无疑问的是，这是展示人们一直向往的，在潜意识里一直追求的最自然最原始状态的梦。然而为了生存，人们日复一日地做着相同的工作，但是，没关系，无论他们干什么，他们都没有忘记最初的目标：对幸福的追求——吃得开心，过着欢快的家庭生活，这样幸福的生活着。

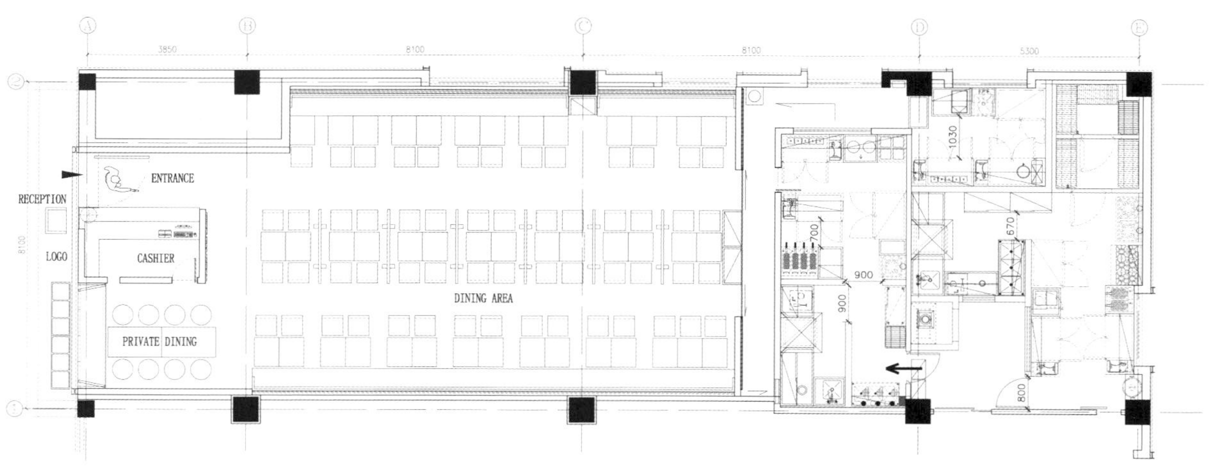
ENTRANCE
RECEPTION
LOGO
CASHIER
PRIVATE DINING
DINING AREA

・平面布置图

721 幸福牧场是创立于 2012 年的一家新的日式餐厅，它的一家新店坐落于上海浦东新区。基于它的品牌内涵——一个呼吁幸福的牧场，Golucci 设计团队试图在上海这个繁华而又有活力的地方寻找一个静谧的地方创造一个幸福一角。鲜明和清爽的风格使人们能够静静地坐着观看这熙熙攘攘的城市，冥想自己的梦想、理想和渴望。

设计师利旭恒认为，在现代餐厅的设计方面，他们应该考虑客人们的心理感受多于他们的身体体验。尤其是用餐的地方是在一个繁忙城市的中心，餐厅不只是一个简单的物理需要，更多的是心理上的享受。所以，当吃饭时间一到，人们想到一间餐厅，除了美味的食物供应，还考虑到环境，因为一个优雅宁静的地方会让他们感到完全放松，更重要的是，这会为他们带来幸福感。

Pulau Ketam —— Modern Crab House

吉胆岛——现代蟹之家

项目名称：吉胆岛——现代蟹之家
项目地点：香港九龙
项目面积：350m²
设计公司：Imagine Native Ltd.（香港）
公司负责人：Edmond Tse
客　　户：Pulau Ketam —— Modern Crab House
摄 影 师：Kingkay Architectural Photography

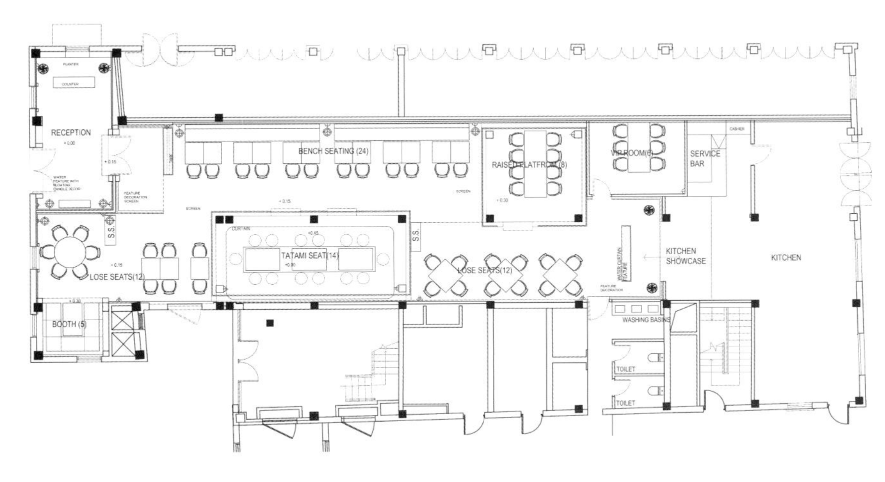

· 平面布置图

"现代蟹之家"位于新天地街区南段。这家餐厅主要供应新加坡自制食谱的螃蟹。主要的设计焦点是建立一个东南亚的氛围，淡淡的现代西方设计的感觉。他们最初的目的是：追求幸福——吃得开心，度过快乐的家庭时光，幸福地生活着。

这个主要概念的实施贯穿于整个项目从空间规划到申请材料以及各种细节。狭长的空间被两条嵌入的高架东南亚小屋状结构木头和与青铜不锈钢相对的雕刻碎花屏风分为不同的区域。在这个小屋状结构建筑中，更多的私人休息区和榻榻米式的座位都在这种隐蔽区域的后方。

与这两个东南亚风格高架路段对比，背景墙的设计加入了西方元素，并漆成粉红色。普通的座位被放置在这两个截然不同的风格之间。与这种设计风格不同的是，整个空间是用椅子最质朴的颜色，紫色、橙色和黄色连接并突出显示的。这种设计灵感来自于珍宝蟹，这种在餐厅突出的食品之一的自然色彩。这些所有款式和设计元素的混合，使这个地方感觉像一个现代化的东南亚高端度假胜地。

Sal Curioso

西班牙餐厅

项目名称：西班牙餐厅
项目地点：香港云咸街
项目面积：300m²
客　　户：Woolly Pig Concepts
设计公司：Stefano Tordiglione Design Ltd
设计总监：Stefano Tordiglione
施　　工：NYC Renovations
摄 影 师：Edmon Leong、Stefano Tordiglione Design Ltd

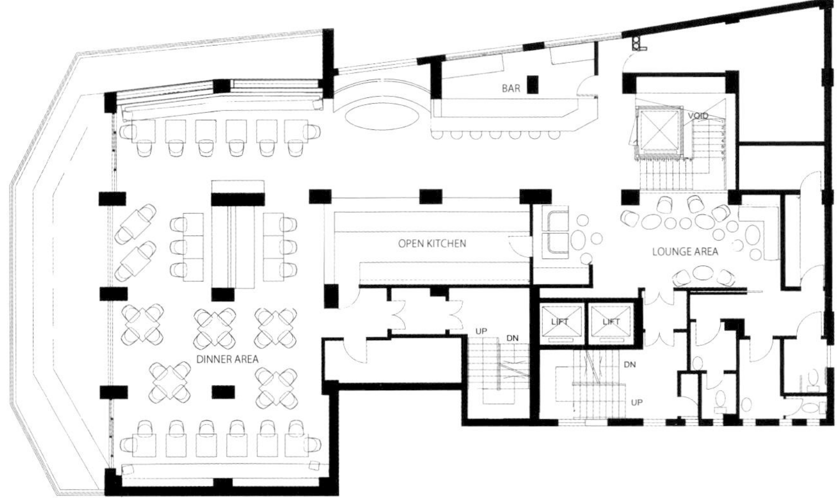

·平面布置图

位于兰桂坊的全新餐厅 Sal Curioso，让食客在品尝地道的西班牙佳肴的同时，享受精致的环境。打造这个扣人心弦的设计，有赖扎根于香港的意大利室内设计和建筑事务所 Stefano Tordiglione Design。餐厅的整体设计灵感来自于虚幻的美食发明家和旅行家 Sal Curioso 的生活体验。Sal Curioso 的设计立志追踪厨师的足迹，Stefano Tordiglione Design 通过解构和重组的概念划分出几个区域，创造出与众不同的空间。

地面和天花使用原始的水泥，凸显了房间中间部分精致优雅的蓝色面板装饰，为食客营造出浮动轻盈的感觉。底部和顶部的设计反映了西班牙探险家 Sal Curioso 的想像力和创意，令其完全渗透在餐厅的名字和设计当中。餐厅的中央是让食客们享用西班牙佳肴的梦幻境地。现代混凝土砂砾感和古典的镶嵌形成强烈反差，让用餐者享受餐厅华丽的感觉。

3 SHAKES OF PEPPER
+
2 SHAKES OF SALT
42
AVERAGE AVOCADOS
CHIVES
PERFECT RATIO
TOMATOES
GENTLE SLOPE 20°
= NO BRUISING
21 PROTOTYPES
= PERFECT
THE AVOCADOS ARE PITTED + PARED
3 — 6
CLOVES OF GARLIC
SEASONING

REFRACTIVE GLASS
GLOWS IN THE DARK
AN ECO FRIENDLY
SOLUTION. DUCK POWER
HEAT SENSITIVE FOR
THE HOTTEST OF KITCHENS

Y2C2 Tan Wai Lou

Y2C2 滩外楼

项目名称：Y2C2 滩外楼
项目地点：上海南外滩老码头
建筑面积：980m²
设计单位：KokaiStudio
设 计 师：Filippo Gabbiani
摄 影 师：Art Beat Studio

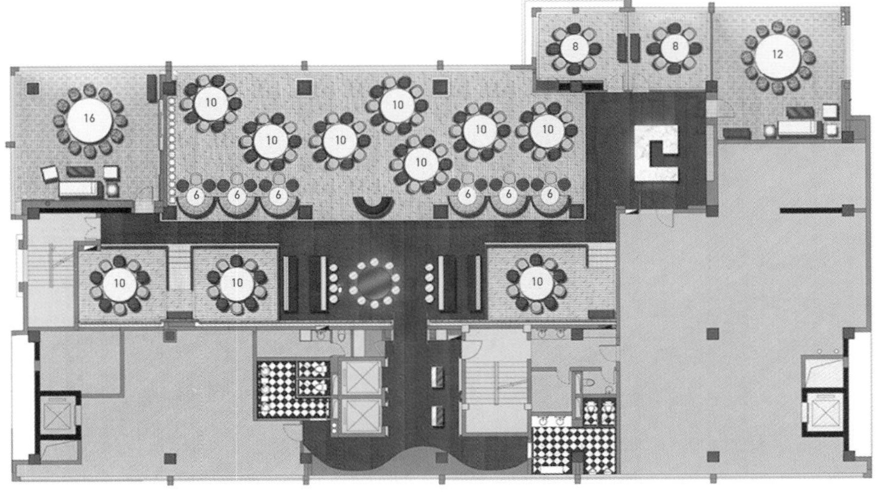

・平面布置图

Y2C2 滩外楼餐厅坐落于上海外滩 2 号老仓库之中，这里曾经是闻名远东的“复兴码头”。开阔的全景式滨江带和高跃的挑空层，让这里成为一个可以充分发挥想象力的空间。经由意大利鬼才设计师 FILIPPO GABBIANI 的设计，使其成为一个处处渗透着“古典 VS 现代”因子的梦想剧场。

IY2C2

Wangchi Sichuan Food in Shanghai Jiading

旺池川菜上海嘉定店

项目名称：旺池川菜上海嘉定店
项目地点：上海嘉定
建筑面积：465m²
设计单位：上海沈敏良室内设计有限公司
设 计 师：沈敏良
主要材料：镜面不锈钢、实木隔断、车边镜
摄 影 师：蔡峰

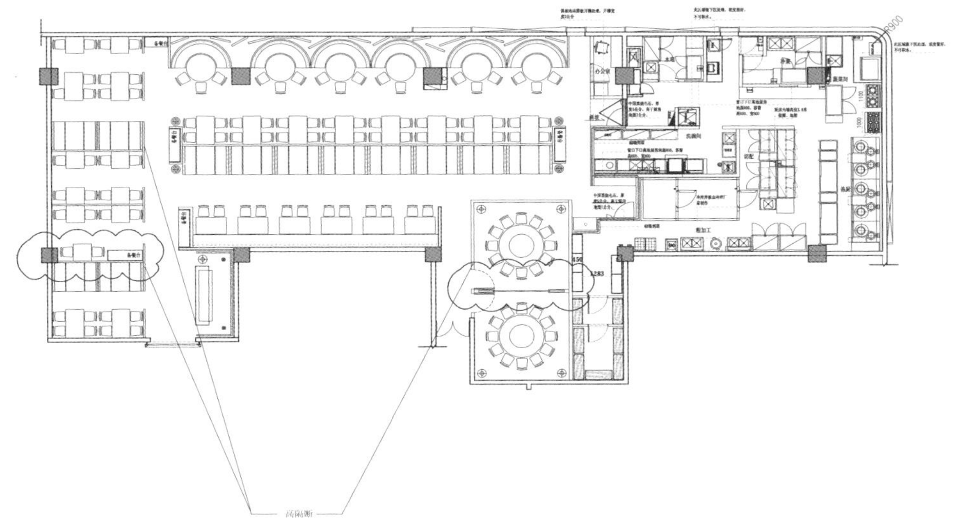

· 平面布置图

该案是望湘园旗下涉足川菜的核心品牌，用与四川地域相近的藏殿文化进行诠释是针对该品牌市场差异化竞争的突破口，同时又是该案从设计角度赋予该品牌更多广度与深度的引擎。运用浓烈且带有仪式感的藏红、藏绿、深蓝色点缀，以藏幔、殿南孔雀的图案。将整个氛围带入了异域的时空中。家具的细部营造上保留其最具核心气质的特征，结合人体功能，充分表达仪式感的特质。值得思考的是设计的根本意义是什么？是赋予空间以生命，那才是最足以带给人们感动的。

Iberico

Iberico

项目名称：Iberico
项目地点：香港
建筑面积：200m²
设计单位：德坚设计
设 计 师：陈德坚

Iberia 是西班牙别致的铁路开胃餐厅。它是用黑色金属拱形天花板装饰的。混凝土墙壁、黑铁、再生木材、铅玻璃和金属丝网。这个挑高的天花板，海绵状空间都疯狂地运用地中海瓷砖图案和时髦的海蓝宝石装饰，高桌在前方面对着长吧台，矮桌在后方铺设。

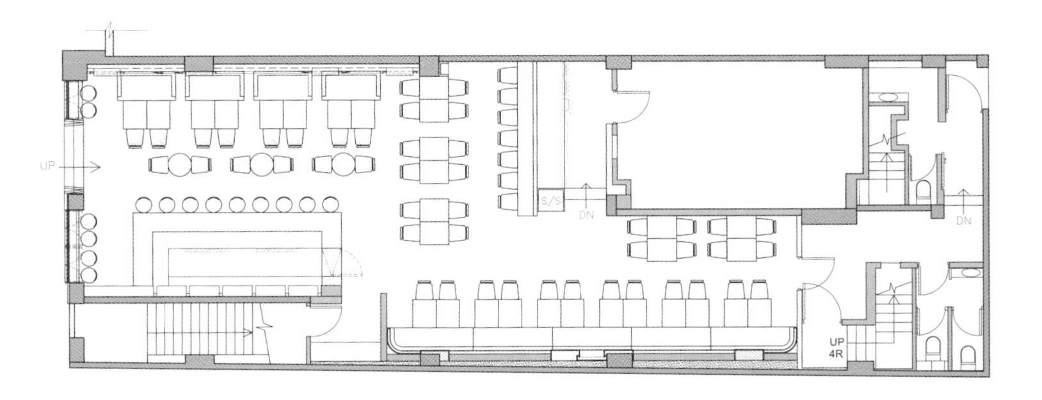

· 平面布置图

RIOJA
RIOJA
RIOJA

The Salted Pig

The Salted Pig

项目名称：The Salted Pig
项目地点：香港
建筑面积：330m²
设计单位：德坚设计
设 计 师：陈德坚

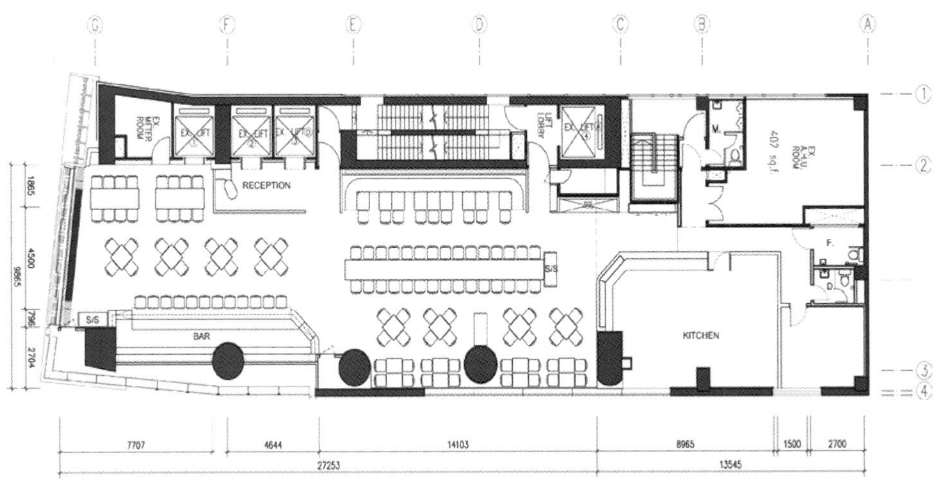

· 平面布置图

The Salted Pig 是一家结合大量家常、质朴元素的英式餐厅，这种形式的小餐馆类似农村家庭的户外用餐场所。餐厅的装饰有许多与猪肉有关的元素。木材的使用无处不在，如裸露的木桌子，简单的木制椅子。为了强调英式氛围，黑板、木制踏板、专用挂灯和老锅碗瓢盆被创建。几个长的公共餐桌摆放在大餐厅中央，单人桌和摊位也可用于更小的群体。米色、灰色、棕色，以及淡淡红色的组合营造出一个温馨、温暖家庭的感觉，创建出一个温暖而自然的氛围，这种质朴的餐厅为人们提供了一个放松的地方来逃离现代世界。

WHITE
PINOT GRIGIO
CHARDONNAY
SAUVIGNON BLANC
RIESLING
RED
PINOT NOIR
SHIRAZ
MALBEC
MERLOT
CABERNET SAUVIGNON
THE SALTED PIG
PORK BELLY
CRACKLING
CURED PIG

DON'T FEEL LIKE
TRY THESE...
·HOT DELIGHT ·CHINA GUAVA
·PINK LAGOON ·PASSION FRUIT LOVER
·3 CITRUS ICE TEA
·KIWI AMOUR
·BEERTINI
HOME MADE
·BLOODY MARY
·BASIL FIZZ
·POMEGRANATE REFRESHER
·STRAWBERRY COOLER
·BLUE SWING
SPECIAL
100g $250
100g $298
BACON
PIG
FOOD
TASTE
WILD

150 ML
300 ML
500 ML
WHITE
PINOT GRIGIO $78 $148 $258
CHARDONNAY $58 $116 $188
SAUVIGNON BLANC $58 $116 $188
RIESLING $68 $128 $228
RED
PINOT NOIR $72 $138 $238
SHIRAZ $68 $128 $228
MALBEC $78 $148 $258
MERLOT $58 $116 $188
CABERNET SAUVIGNON $78 $148 $258
THE SALTED PIG
PORK BELLY
PIG KNUCKLE
BACON BUTTIE
CRACKLING
CURED PIG
BUBBLE
&SQUEAK

CULINAIRE
CULINAIRE
CULINAIRE

GOOD
GOOD
GOOD
REALLY
GOOD

150 ML
300 ML
500 ML
WHITE
PINOT GRIGIO $78 $148 $258
CHARDONNAY $58 $116 $188
SAUVIGNON BLANC $58 $116 $188
RIESLING $68 $128 $228
RED
PINOT NOIR $72 $138 $238
SHIRAZ $68 $128 $228
MALBEC $78 $148 $258
MERLOT $58 $116 $188
CABERNET SAUVIGNON $78 $148 $258
THE SALTED PIG
PORK BELLY
PIG KNUCKLE
BACON BUTTIE
CRACKLING
CURED PIG
BUBBLE & SQUEAK

Tai Ai Li

泰爱里

项目名称：泰爱里
项目地点：佛山
项目面积：620m²
设计单位：佛山尺道设计顾问有限公司
空间性质：餐厅空间
主要材料：木饰面、木纹砖、ICI

· 一层平面布置图

位于佛山岭南新天地，一个糅合特色传统文化和现代消闲生活元素的大型综合发展区，本方案以家庭为概念，突出轻松随意的生活味，在这样一个新旧结合的地方，如何与本地传统，泰国文化以新的形式结合，是项目的难点。

我们以简洁的手法出发，简单的形式和材料成就纯粹的空间气氛，清晰地表达空间之间的穿插，使空间简约而具有趣味。在空间用大量的天然材料是设计的基本形式语言，其选择应在体现实用功能的同时保持材质的天然质感和肌理效果。

空间中通过与室外园林结合，光和影的变化赋予室内空间以生命，塑造、影响着空间的氛围，决定着空间的品质与深度。设计中光照的研究与得当运用，是我们设计工作的重要方面。只有光线、空间、材质三者良好契合互动，才有可能产生优秀的空间效果；只有当光的诗意和空间的画意融为一体，光的效果与画意的空间融合才真正得以实现。

welcome

· 二层平面布置图

Qiantang Chao

钱塘潮

项目名称：钱塘潮
项目地点：深圳
建筑面积：600m²
设计单位：泛纳设计事务所
设 计 师：潘鸿彬

钱塘潮是一间新开设的提供新派杭州菜美食的中餐厅，位处深圳市一间商场的顶楼。餐厅以玻璃和钢为主要结构，日照吸热问题不少。此外三角形的铺面比一般的标准食肆布局更具挑战性，但亦为空间的特色设计提供了独特的机会。

“蝴蝶园”的设计意念来自举世闻名的杭州西湖美景所具有的优雅美态。主要设计元素有以下几点：开放式餐区由多种款式，包括 2 人、4 人、6 人、8 人和 12 人餐座组成，可打通的包房也按顾客的不同需求而设。

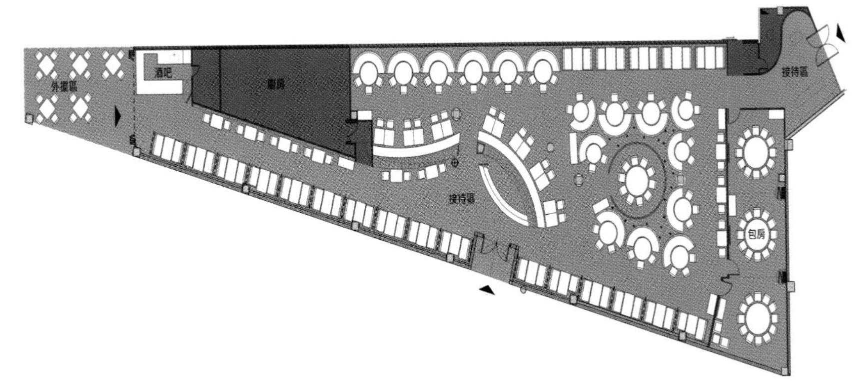

· 平面布置图

三个互通的开放式餐区设有各种形式的餐座。中间的白色弯形主题墙就像振翅飞舞的蝴蝶，其优美线条使三角形楼面坚硬的建材质感变得柔和，也给食客带来多角度的视觉享受。巨型蝴蝶翅膀图案发生在主题尾墙及靠窗卡座的半透明间隔上，创造了空间的动感。

餐厅的蝴蝶形商标图案以镭射切割的黄铜制成，造成一道弧形屏风间隔出贵宾台空间。同时亦变为包房餐台上方悬挂着的白色吊灯。前者被大小不同的圆形餐座围绕，成为此餐区的焦点。

假天花上开有大小不一的三角形天窗，在白天由不同的方向将更多自然光引入室内，使进餐环境更为舒适。两种米黄色餐椅的交替摆设与木地板及白色天花和墙壁形成对比，使暖色调为主的用餐环境洋溢着亲切和写意的气氛。

钱塘潮的设计结果是将传统的中式用餐体验提升到一个更时尚的层次。

Baihua Qingtai Restaurant

百花琴台餐厅

项目名称：百花琴台餐厅
项目地点：四川成都
建筑面积：470m²
设计单位：道和设计机构
设 计 师：高雄
设计团队：郭予书
主要材料：蓝色木器漆、绒布软包、爵士白大理石、香槟色烤漆
摄 影 师：施凯、李玲玉

· 平面布置图

四川成都的百花琴台餐厅主要以蓝色和白色为主题，干净舒服的简约装修风格给人以清新的感觉。生活在都市里忙碌的人们，下班之后，来到这里，品味美餐的同时享受着这份清凉与宁静，让疲倦的身体完全得以放松。天花也以大面积的蓝色为主，搭配白色吊灯，浅绿色的网格状墙壁以及蓝色花瓶点缀的餐桌，整个空间简约又不失情调。

Hanyue BBQ Restaurant
韩悦烧烤餐厅

项目名称：韩悦烧烤餐厅
项目地点：四川成都
建筑面积：462m²
设计单位：道和设计机构
设 计 师：高雄
设计团队：郭予书
主要材料：玫瑰金不锈钢、防火板木饰面、金刚板
摄 影 师：施凯、李玲玉

・平面布置图

大面积木质材料的使用是本项目的一大特色。隔断、部分墙壁以及部分挂饰木质材料的使用，使原木颜色成为餐厅的主色调，纯白色的餐桌配上规矩的米黄色座椅，以及浅灰色的地板，简约质朴的感觉油然而生。

设计师仿佛是要带领客人换掉冷冰冰的钢筋水泥，走进原始纯朴的生活，让人们感受美味烧烤的同时不忘享受一份自然的亲切与和谐。同时，透过长木条随意搭建的窗户，可以欣赏餐厅之外的美景，如此舒适、如此惬意，让人内心也平静下来。

Shicai Yunnan Food Restanrant

食彩云南料理餐厅

项目名称：食彩云南料理餐厅
项目地点：成都
建筑面积：325m²
设计单位：道和设计机构
设 计 师：高雄
设计团队：高宪铭
主要材料：乳化玻璃、烤漆玻璃、玫瑰金、橡木饰面板、夹膜玻璃、雅士白大理石
摄 影 师：施凯、李玲玉

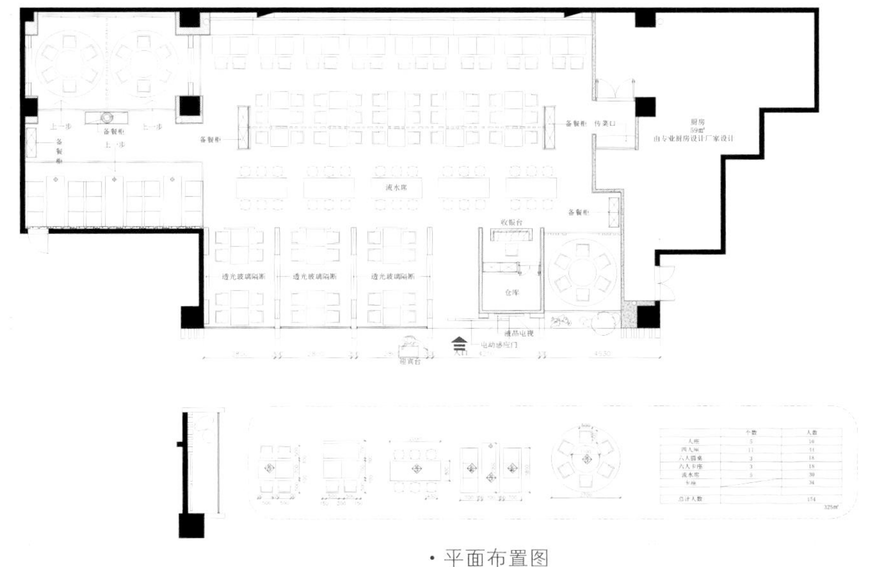

· 平面布置图

"曲径通幽处，禅房花木深。山光悦鸟性，潭影空人心。"

由这样一种意境引入设计思维，曲径通幽的布局，揭开层层的精致与细腻；清新的橡木原色，传递着和谐的氛围；大面积的玻璃好似湖水般清澈；有如天空般纯净的孔雀蓝玻璃与鲜艳的花卉草木细心镶嵌，饱满而不失节奏；缤纷的蝴蝶在空间中交错，带着勃勃生机。自然与动态的融合，好似会呼吸般生机焕然。再搭配云南的民族特色，独有的图腾、鲜明的地域景观画面。将自然与民族品质融入设计的微妙组合，是这个空间所拥有的真正定义。

Dahai Xiaoxian Restaurant
大海小鲜餐厅

项目名称：大海小鲜餐厅
项目地点：上海市南桥镇
项目面积：730m²
设 计 师：杭州火柴盒室内设计事务所
主要材料：老木板、红砖、海基布、马赛克、水磨石

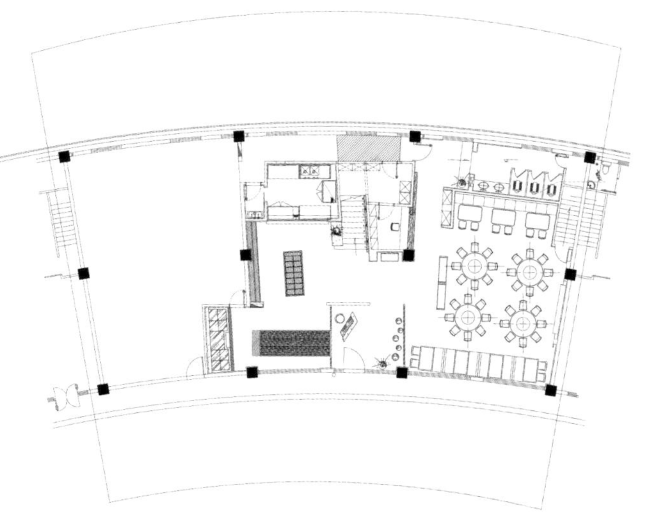

· 平面布置图

大海、小鲜，是业主对其餐饮经营转型的定位，因象山石浦海鲜的新鲜口感总能吸引大量的美食爱好者。

本案原为住宅区底层的配套商铺。建筑形态为两层规整的扇形。从一开始的接触，年龄相仿的设计者与业主即达成一致的共识，将本项目营造成一个轻松、清新、环保的生活餐厅。围绕着此核心，设计师强调使用自然材料，回收加工木材是本项目的一大特点。这些尘封的废弃木料经过切割、拼接之后产生的色差与肌理总能给人带来惊喜。而地面三色水磨石嵌镜面不锈钢条的做法解决了一般弧形平面铺贴石材、瓷砖容易产生许多碎料的问题。同时也满足了业主有限的投资预算需求。除此之外，色彩丰富的小块瓷片在空间中也起到了打破色调单一的作用。一层零点区大型鱼虾蟹类的个性手工墙绘与二层走廊大面积海洋主题马赛克拼贴的墙面更点明主题，使整个餐厅氛围灵动起来。

整个项目摒弃了当下许多餐厅所喜好的华丽装饰，设计手法质朴而亲切。我们认为，在一个轻松而不造作的空间内，以自然的态度享用美食是当下餐饮的一个趋势。

North Island Boutique Hotel —— North And West Restaurant

北屿精品酒店——东西餐吧

项目名称：北屿精品酒店——东西餐吧
项目地点：厦门
设计单位：厦门宽品设计顾问有限公司
设 计 师：李泷

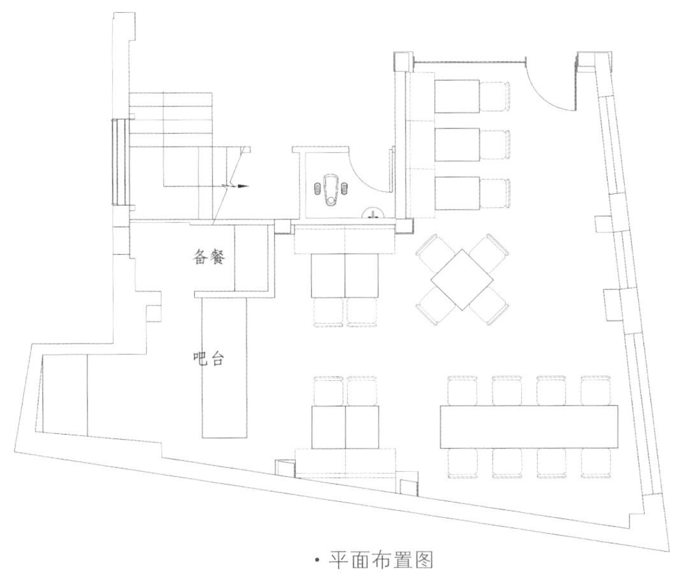

· 平面布置图

项目的重点在于展现一种创新的设计理念以及令人心灵沉寂的素雅环境，从一栋破败的别墅危楼到重新焕发独特神采，北屿酒店的建筑、景观、室内空间的方方面面都进行了量身定制的规划，建筑结构和外观立面忠实保留历史原貌，选用具有鲜明闽南风格特征的水洗石外墙，配搭以质朴纯净的浅灰色调，与当地特有的建筑、文化环境及鼓浪屿特色融为一体。室内设计保留了建筑立面粗犷的砖石肌理，并与简约精致的现代设计手法相结合，塑造出具有时尚气质、细致、优雅、结合闽南当地文化、低调而奢华的高质感怀旧氛围。

精品酒店之所以吸引受众，独特的个性是不可或缺的元素。空间氛围、地理位置、个性主题、以及是否符合大众对于旅行生活的理解……北屿酒店以其独树一帜的空间气质成为标志，并积极探讨了旧建筑保护再生的另一种可能性。

The Private Kitchen

那私厨

项目名称：那私厨
项目地点：厦门
设计单位：厦门宽品设计顾问有限公司
设 计 师：李泷

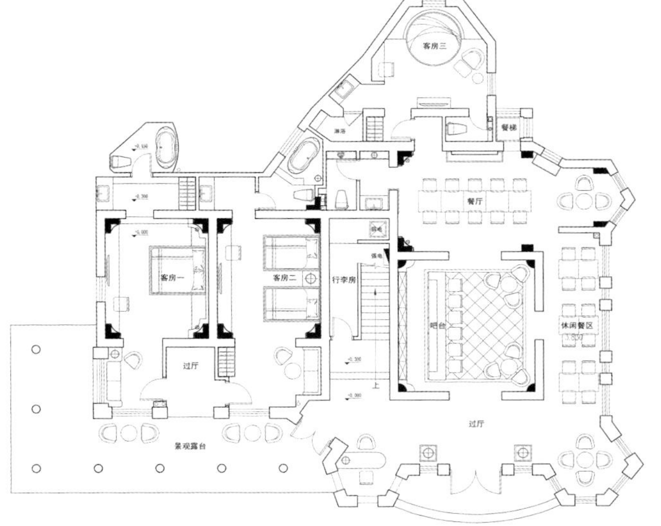

· 平面布置图

结合古典与时尚，塑造具有时尚气质，简约、精致、结合闽南当地文化、低调而奢华的高质感怀旧氛围是设计过程的主体定位。

建筑结构和外观立面忠实保留历史原貌，选用具有鲜明闽南风格特征的水洗石外墙，配搭以质朴纯净的浅灰色调，与当地特有的建筑文化环境及鼓浪屿特色融为一体。

Front Desk
前台
前吧

公共空间规划贯穿建筑“钻石楼”的设计理念，从空间布局、立面造型、局部细节等多处运用钻石切割面元素，设计更以此作为主题性的概念切入点，提炼具有丰富人文情怀及鲜明视觉特征的元素为设计源，如定制怀旧壁画、木地板拼图、具有细腻肌理的立面材质等，结合现代设计理念及奢华陈设，力求在呼应整体规划设计风格的同时，亦能营造优良质感的时尚氛围，使观者及受众产生共鸣，感受优质空间的独特魅力。

Wenling Xinglong Club

温岭兴隆会所

项目名称：温岭兴隆会所
设计单位：杭州大相艺术设计有限公司
设 计 师：蒋建宇
参与设计：郑小华、胡金俊、姚淦
建设单位：兴隆大酒店
主要材料：柚木饰面、青石板、珍珠黑花岗石、木地板木花格

本项目除了无与伦比的景观环境外，其所拥有的配套功能亦使本会所在同类市场竞争中立于前端。近2500平方米的会所中除拥有9间客房外，另有会务、茗茶、展览、沙龙的配套场地。而每个包间，都具有会客区、茶座、阳光房及独立的外部隐私小院。另外如此高端的配套却拥有着一外东方面孔。在纷繁遭杂的社会环境中能有一个心灵放松的地方是不容易的。

本餐厅因地理环境的关系，如何更好地做到内外相通融、如何更好地利用环境是处理空间的重点。这个项目的创新点在于将外环境的整治，作为了室内空间设计的一个重点补充及亮点。而空间参与者的感观是通过内外景观观察点的连接而达到的。

餐厅经过改造使之拥有了会所的气质感。入口悠长的道路，一再以悠美的景观绿化感动着来访者，而四合院状的空间使餐厅拥有一个美妙的水景中庭，也使每个包间都有一个亲近自然的阳光房。

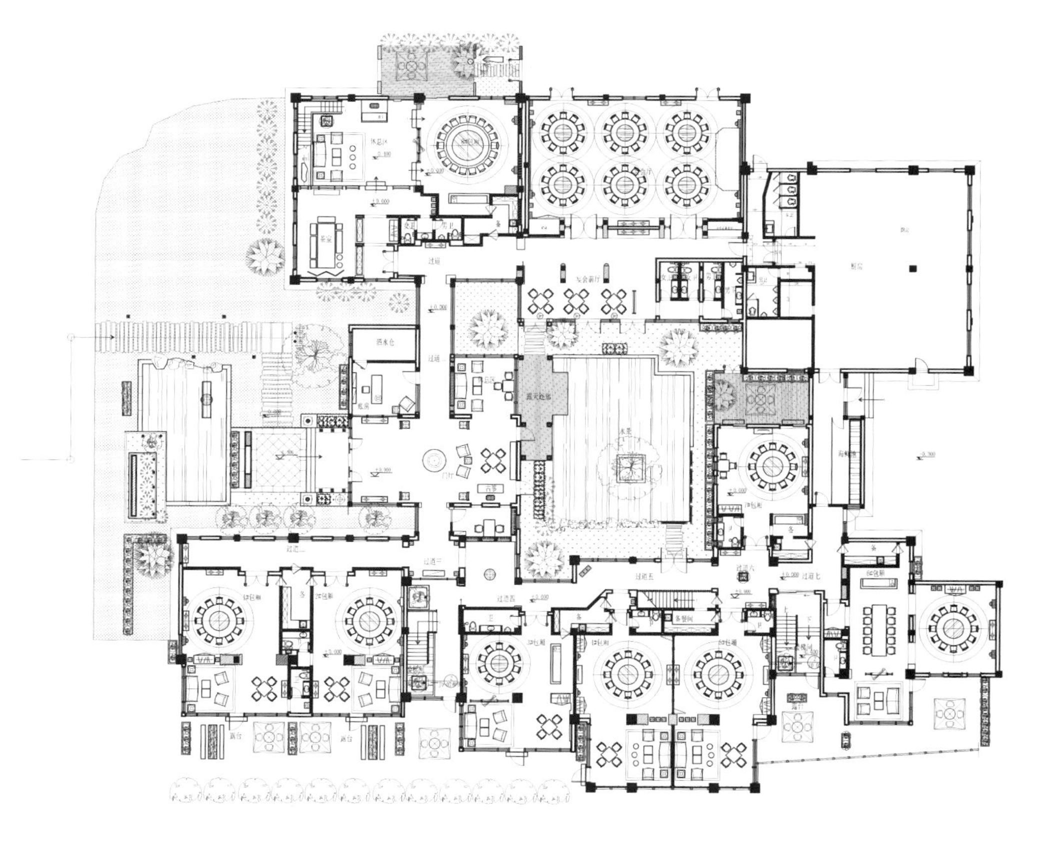

·一楼平面布置图

隆荟，隐匿于幽静的景观环境内，古朴造型自然融于园林景观中，简朴之意，内外相统。整体设计流溢现代中式精髓，倾现简洁。室内多处选用当地传统材料，当地石头砌成的围墙，当地古船木拼成的阳光房天花板，将本土风情与现代美学巧妙融合在一起，营造出浓郁的海洋文化气息。带着这种无限自由的设计精神和充满灵感的生动设计，设计师为大家呈现了一个清幽静谧、精致细腻的静心之所。

DOZO_SH

DOZO_SH

项目名称：DOZO_SH
项目地点：上海静安区
空间面积：1058m²
设计总监：甘泰来
参与设计师：高泉瑜、张芃欣、黄盈华、林咏淳
主要材料：黑檀木木皮、橡木木皮染深、灰色花岗石石材、茶镜
摄 影 师：卢震宇

DOZO 上海店位于商场林立的市中心，附近群聚许多一线品牌及外商办公大楼。餐厅入口位于一楼，面朝大楼广场，由于人流密集，特意从“缩”至“放”的概念建立迂回路径，引领宾客进入餐厅前先经历一场涤尘序曲，动线抵达二楼时，需绕行屏风才得进入内部餐厅区，由安静神秘的空间前奏，转而到二楼的开阔视野及开放座席，产生强烈的反差对比。

考量餐厅客层多为商务人士，所以整体规划上，开放区与包厢区的范围相当，开放区前方规划了吧台区，提供小酌交谊的场地，在 6 米高的空间里，利用阶梯建构丰富的地景层次，架高的伸展步道与降板式的包厢，宾客之间有种观赏与被观赏的趣味；包厢区利用四层格栅屏风作为区隔，让内外视线隐约穿透，并且保留了包厢区的隐密性。

本案利用日本传统建筑在庭院与房屋之间常设有的“缘侧”概念，将过渡空间与环境的连结，反转里外关系，包厢以迷宫花园为主题，利用厢房围塑出小路般的步道，并利用“缘侧”的设计与外部连结，包厢内部的格栅拉门、卷帘性弹性的区隔方式，让宾客活动区域扩大，可随兴地与邻区互动。

Sanyihe Restaurant
三义和酒楼

项目名称：三义和酒楼
项目地点：济南市历山路150号
建筑面积：2062m^2
设计公司：睿智汇设计
照明设计：睿智汇设计
设　　计：王俊钦、许光华
参与设计：陈丽娜
主要材料：秋香木、肌理漆、彩绘、水磨石、金银箔、镜面不锈钢、皮革等
摄 影 师：孙翔宇
文　　稿：魏红佳

三义和，一个极具东方韵味的山东餐饮知名企业，其前身为鲁西南风味酒楼。基于“打造中国鲁菜第一人”的想法，谋求品牌化、高端化、国际化的发展思路，完成转型为高端餐饮的梦想，将旗下十余家鲁西南风味酒楼更名为“三义和酒楼”，邀请睿智汇设计公司重金打造，实现全新的品牌升级改造。为了延续年长消费者对于原餐饮理念与文化的认同，并吸引扩大更广泛年轻化消费客群，睿智汇设计团队以承载传统文化精髓为原则进行创意基点，保留并激发了老顾客对于餐厅的深厚情感，用新现代主义风格完美演绎该个案。

依顺着自然的“运行”，依循着本身之为，带来一种生活哲学——简朴。三义和济南千佛山餐厅将“简朴”设定为此案设计主精神，用“水墨画、祥云、荷花”作为主要元素，结合棉麻木质等生态材质，以及极具现代气质的镜钢和皮革，贯穿整体设计。

原有外观造型千篇一律，并极易消失于周遭环境当中，因此睿智汇设计团队摒弃原有外观的复杂传统造型，因地制宜，整体呈现出一幅现代水墨画卷，并借用极具现代感的铁铸漆框架材质搭配水墨画玻璃贴膜，用新现代主义手法表现东方韵味，使整体融合于济南千佛山自然环境之中。

大厅和散座区以现代人追求简洁返璞归真的思想作为设计的发想。大厅主要运用麻绳、原木、瓷盘等淳朴材料，加入现代跳跃的彩绘手法，造成强烈的风格对比和视觉冲击，来彰显此空间的个性。散座区主要运用“静中求动”的思想。色彩上，大胆地运用中国的传统色彩之三绿色以及钛白色作为主色调，“强烈碰撞”作为提高整体空间个性和趣味性的一个重要手段。中心区域位置的墙面和天花用山水画书卷的形式，表达出行云流水延绵不断的效果。周遭更以黑色钢制长管灯和迭级灯光，来增加空间的趣味性和韵律感。宴会厅延续了散座区“静中求动”的思路，整体空间从天到墙再到地面，进行了不规则的分割。

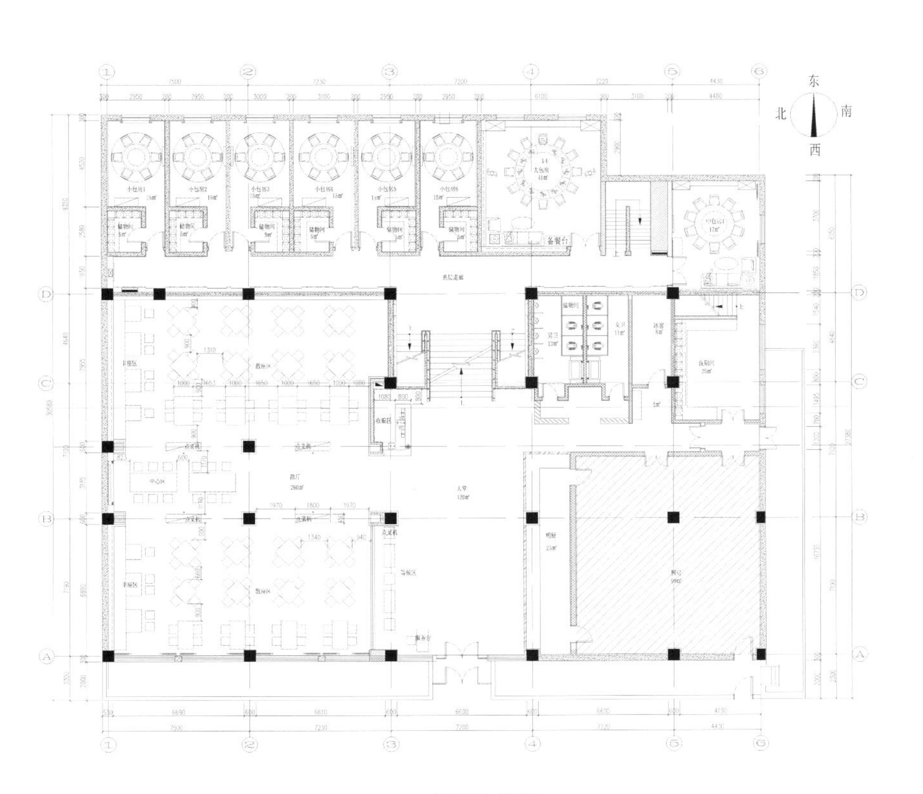

· 平面布置图

包房区，运用传统的中式色调及元素，以现代优雅而不乏奢华的方式呈现。整个区域，可分为三部分，第一为 VIP 豪华包房，第二为豪华大包房，第三为现代中小包包房。VIP 豪华包房和豪华大包房分别分为会客和就餐两个区域，主要运用祥云和写意花鸟彩绘等主要元素，结合龟背纹乳钉纹中国传统吉祥符号等辅元素，用金箔皮革木饰面等充满华丽质感的材料。现代中小包房主要运用三義和企业的形象符号作为主元素，结合中式脸谱和宝箱花等中式趣味性及吉祥传统元素为辅元素，结合充满现代质感的皮革和黑色镜钢，以极其现代的白色为主色调，将企业文化以优美的方式融入到整个空间。

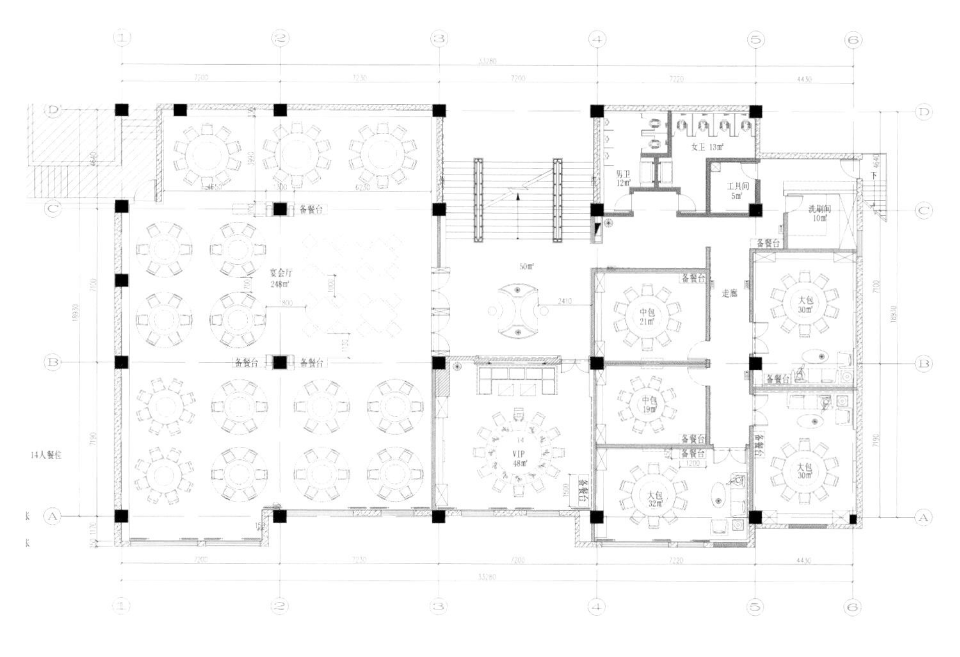

· 平面布置图

三义和济南千佛山餐厅，这个东方韵味十足的餐饮空间，取其“依循传统”之意，蕴含着不可言喻的东方气息，该餐厅的改造设计也因此赢得了经营发展上的极大成功，是全新中国文化的代表作。

Shanghai Yimian House

上海义面屋

项目名称：上海义面屋
项目地点：上海
设计单位：森境建筑工程咨询（上海）有限公司
设 计 师：周怡君
参与设计：王俊宏、曹士卿、陈睿达、张维君、黄运祥
主要建材：钢刷橡木染色、义大利灰石材、波龙、烤漆铁件
摄 影 师：KPS 游宏祥

流动像是从呼吸中浮现，空气里缓缓有了自己的节奏。在听不见的韵律里，身体的五感却变得张放，分秒都在谈论着时刻感受到的和谐。

借由色彩、线条、形状和段落的安排，各类型媒材串连起食饮的隐喻，顿时饮食的文化性导入为空间肌理的回忆。传递着更明确的感知回应，主题的形象在自由构成的规划与精细的总体里完全扩展。

Cashier

Bone Flavor Square

骨味坊

项目名称：骨味坊
项目地点：安徽合肥之心城 6 楼餐饮
项目面积：200m^2
设计单位：理想再建筑设计
主案设计师：孙玮
参与设计师：孙明、林翔、张哲
主要材料：旧木地板、旧杉木板、黑铁板
摄 影 师：马林宏

此案为小体量综合体餐饮，主营骨头汤及湘菜。如何在小空间内营造特别的就餐氛围成为此案设计一大难题。本案思路以美式监狱风为主题，大量运用旧木墙板及旧木地板、钢铁结构柜体、铁网隔断，营造出特殊的就餐空间，为城市年轻人打造出一种全新的就餐模式及空间享受。

I used to rule the
Seas would rise when
gave the word
Now in the morning I
alone
Sweep the streets I
own
I used to rule roll the dice
Feel the fear in my enemy's
Listen as the crowd would
Now the old King is dead long
live the King!"
One minute I held the key
Next the walls were close
on me
And I discovered that my
Castles stand

请勿吸烟
谢谢!

Tianyi Kodate
天意小馆

项目名称：天意小馆
项目地点：北京远洋未来广场
建筑面积：437m²
设计单位：和合堂设计咨询
设 计 师：王奕文
主要主材：实木、白砖、蓝色漆饰面雕刻版、蓝色乳胶漆、装饰灯具、绘画作品、印纱画
摄 影 师：孙翔宇

位于北京远洋未来广场的“天意小馆”作为京城几百年老字号“天意坊”的分支品牌，是创意私房菜的小馆。业主提出的设计要求是打破老字号带给人们的传统框架，将空间刻画的怀旧、新颖、时尚、并充满童真。适合朋友聚会，家人聚餐，恋人约会等等多功能的就餐场所！业主内心深处对环境的各种需求，都寄托在这小小的空间中，或轻松、或妩媚、或小资情调、或童真……如何实现多样的期望，成为设计师首先要考虑的因素。

设计师赋予此空间“时尚的殖民地”风格。木色老窗棂、柱廊……仿佛跻身于 20 世纪 30 年代怀旧小资的建筑中来。大胆采用了蓝色、粉色的跳跃颜色烘托时尚的风情。加入中式的元素，艺术灯具，中式床榻改造的卡座，飘渺的轻纱，来营造轻松的就餐环境！并从伯实老先生的力作《百子图》中摘选了局部画面运用白描手法和现代雕刻来呈现。空间立即充满了喜庆、祥和的气氛。孩童稚趣的心理和天真，也展现得淋漓尽致！

作品中能够流露出设计师的个性，或张扬、或写意、或直接、或含蓄。要发掘深层意义上的作品内涵，观察事物的角度和高度要独树一帜。并结合业主的经营理念来提高商业价值。在这个充斥着多样设计元素的空间里，格调与意境，品质与灵魂，当代艺术与东西方传统文化的浪漫邂逅，一如设计师一贯的设计风格，将各元素柔和的混搭，强调艺术与空间的碰撞，通过传统符号的抽象运用，寻找最性感的地带，跨时代的文化沟通，完全不一样的东西方元素的解读，让“所谓天意”充满浪漫主义的独特气质。

Gold Bullions Restaurant

金元宝食尚汇餐厅

项目名称：金元宝食尚汇餐厅
项目地点：江苏南京
设计单位：南京名谷设计机构
面　　积：500m^2
主要材料：水磨石，砖块，人造藤片
摄 影 师：金啸文

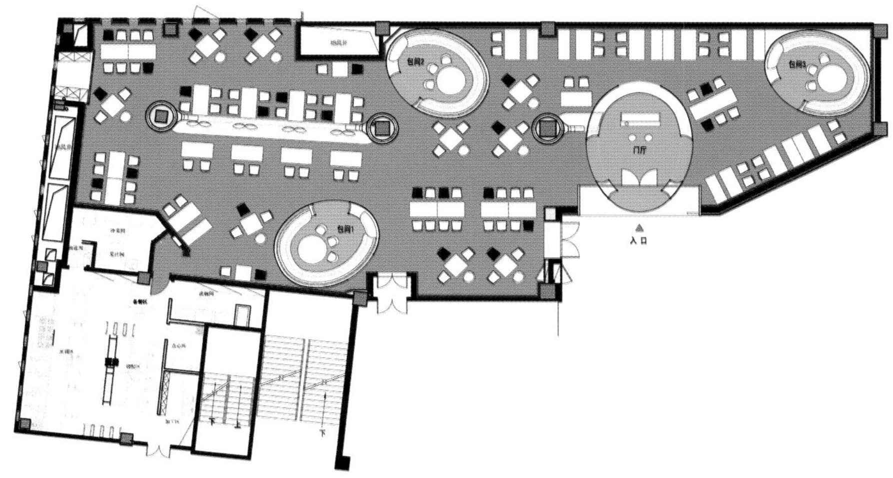

· 平面布置图

位于南京万达广场的“金元宝食尚汇”餐厅以地道的淮扬菜品为主打，在川菜湘菜等重口味横行的今天，那是一种家乡的味道。设计师以淮扬大地的现实面貌与百姓生活状态为切入点，携带着淡淡的怀旧情节，似乎童年的回忆一刹那间被唤醒。“印象村野”成为了表达餐厅设计的主题，远山、轻风、白云涌动，一片竹篱分割的菜园草地，儿时的竹蜻蜓，貌似是送给了隔壁玩伴？这些活态元素都被抽象化处理成餐厅内的静态造型，等待食客的亲身体验。

由蛋形编织体划分出的门厅空间进入，映入眼帘的是门厅背景处被缩影处理的叠加景象，透过一个椭圆的取景框，将“远山”呈现出来，食客在第一时间感受到身处在“自然”之中。正面是接待台，两侧设置进入就餐区的入口，如此，设计师以一种开门见山的方式在蛋形编织体内实现了形象定位、功能设置和交通分流。不足600m^{2}的空间内要满足200人同时就餐任务，是设计的基础课题。参照现代生活小规模聚餐习惯，就餐单元设计以4~6人为主，长方形餐桌必要时可以灵活搭配。与此同时，三处“巢穴状”半隔断空间以满足淮扬菜系的中国式就餐习惯，以圆桌的方式呈现。乍见平面布局，有种壁珠落玉盘般的偶发性，那几处“巢穴”也像晒场上的南瓜随意滚落，原本稍显局促的空间被悄悄推启延展开来，同时平面布局和空间组织的不确定性，产生了让人好奇、渴望探索的趣味感，新颖的就餐体验也随之而来。看似见缝插针的餐位布局方式，实则为了节约交通动线带来的空间占有率，“自由”是空间主题，不但体现在平面上，也体现在三维空间上。自由曲线的吊顶形式如苍茫大地上一片涌动的白云，引领着空间内的各种形态走向，灯光的设置，桌椅的布局，形成了一条隐轴，一条无状之状的线索将看似散落的各种部件，细致地串连起来。

有人说，人生就象一趟列车，我们都坐在中间的车厢，往前走是未来，往后走是过往。一个位子坐久了就总想走动，于是有的人畅想未来，有的人回忆过去。很享受这里的氛围，乡野却不粗野，怀旧却不感伤。设计师没有用所谓“原生态”粗野材质，用来植入乡村感的触感体验。而是选择了将现实中的具像转化为表现上的抽象，抽丝剥茧层层蜕变，由抽象思维转变为现实体验，再回到抽象中去。利用温柔精确的表现手法，推敲出一种透着轻松气息的精工细作的潮流感。对于乡野的回忆和向往，被浓缩成一些介乎于抽象形象之间为大众能广泛理解的形态。功能紧凑，层次丰富，艺术流动。墙面上的远山淡淡的映现，整体浇筑的水磨石地面宁静光洁，映着自家门前的一湾江面，垂直的异型螺旋状灯柱那是大堤上旋过的风，随着顶面流云奔走。记忆的现实重组，像叙述一个儿时故事般的叙述空间，把记忆影像转变为体验动线，自己则又成了那个意气风发的少年，放学路上，一路吆喝，呼朋引伴。欢笑玩乐，爬树比赛，不远处的小树林里还有几处秘密“巢穴”，每个少年都有“身兼家国使命”必须要完成的任务。携着回忆的力量，带着感动出发，一些美好，也许回头就看得到，也许前方不远处有更多领悟在等待。

Laogong Home
老龚家宴

项目名称：老龚家宴
项目地点：安徽合肥
项目面积：400m²
设计单位：合肥许建国建筑室内装饰设计有限公司
主案设计师：许建国
主要材料：旧门、旧窗、钢板、红砖

老龚家宴项目，设计师的整体设计思路是从更新文化入手，运用简单的材料呈现出非凡的效果。老龚家在安徽的历史是源远的，在当时被称为合肥的四大家族之一。现如今的稻香楼一带便是当时龚家的私家花园。跟随着父辈们的脚步，龚家家宴一步步传承至今，有着深厚的文化底蕴与历史痕迹。

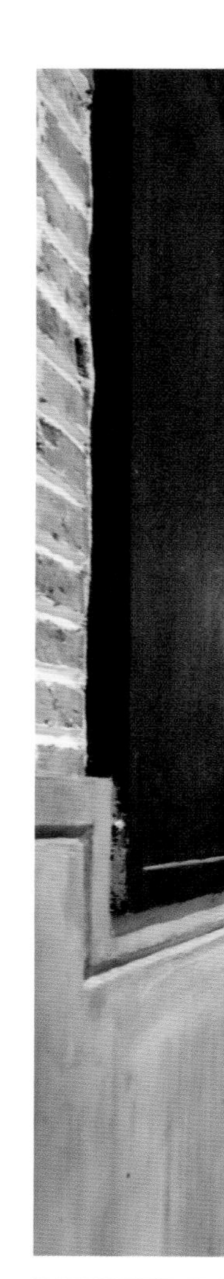

自由婚姻 美滿幸福

设计师在本案中追寻着龚家家族的历史人脉，结合现当代的设计思维，使得龚家家宴在当今社会能更久远地传承下去。起初，在项目周边探访时，设计师偶然间在一个古老的小巷内发现了一间即将拆迁的旧时小学。看着准备拆卸下来被当成废物的旧学堂的门窗、课桌时，触发了设计师的创作灵感。这不是设计师苦苦追寻却不得的旧时印记么？为何不将他与我们现在的老龚家宴的设计结合。让岁月的年轮留下的辙印在我们有着同样具有厚重历史的老龚家宴里得以继续保存。于是乎设计师就对这些从 308 巷的一所老学校里拆下来的旧课桌、旧板凳、旧门窗二次利用进行重新嫁接。让老龚家宴给食客们带来一种久埋心底的回归的感觉。给旧物以第二次生命，给老龚家宴以传承的新源泉。这一张张、一扇扇原先静静躺在旧学堂等待被当废品处理的旧课桌、旧板凳、旧门窗现如今却以崭新的姿态出现在世人眼前。这里有老龚家传承几代的特色美食，这里有儿时课堂的岁月点滴，这里还有 20 世纪六七年代的合肥历史剪影。被重新利用的“废弃物”如今已静静散落在老龚家的各个角落。它们像是一把刻尺镌刻着时光还未来得及带走的回忆。

新改造的旧窗框具有一种仿古的韵味，是本案原始、回归、自然的体现。也表达了设计师的从容、自然，营造一种返璞归真环境的大气的设计手法。从而创造一个为成人之士畅饮通杯没有压力的独特的就餐环境。

团支部

Hailianhui Dining Place

海联汇餐饮空间

项目名称：海联汇餐饮空间
项目地点：福建福州市塔头路1号
项目面积：320m^2
主　　材：实木、PVC仿古木地板、皮革硬包、绣处理方钢、藤制品等
设计公司：福州宽北装饰设计有限公司
设 计 师：郑杨辉
摄 影 师：周跃东

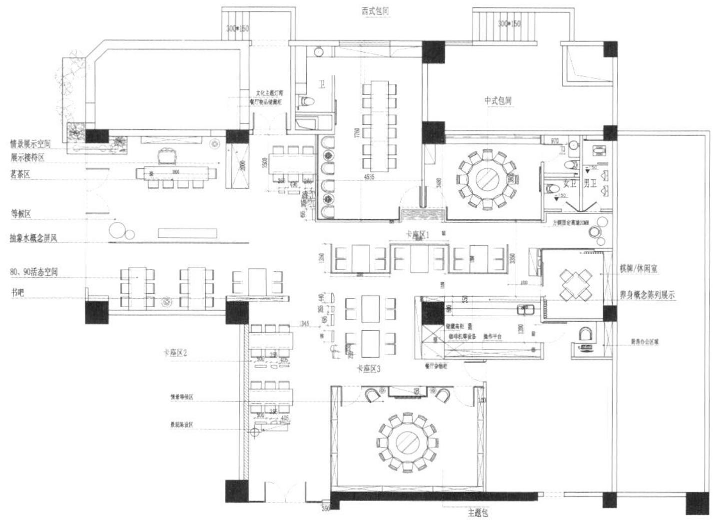

· 平面布置图

位于塔头街1号的海联汇是一间重新翻修，呈现混搭新东方风格的餐厅。作为海联酒店的配套项目，业主希望餐厅的重装既要沿用原酒店大堂空间的暖色调，又不乏东方文化的意境，基于此，设计师将现代感与东方意境的元素混搭，在材质的穿插、空间体块的组合、造型的意象模拟和软装陈设的百变拼盘中传达了大气深邃的东方意境，并极具当下的审美形式。

海联汇

有别于一般意义上新东方空间的华丽感和复古性，海联汇更讲究陈设、配置和对商务空间中人文气息的营造，着重于控制空间的品味，在精简传统中式元素的同时，又不失东方意境。我们的视野里并不见中式装饰常用的木刻雕花、青花纹理、大红灯笼，但就是那一抹清泉、一张藤椅、一片蒲团让我们感受到其内敛的中式禅意。

或许是源于“海联汇”的名称，设计师根据业主的要求，将“水”和“海”的概念作为餐厅设计的主题。在所有象征海、水概念的元素中，设计师以水波的圆弧纹理为灵感，将形态、大小、组合方式不一的“圆”呈现于空间各处。餐厅出口外立面墙上错落镶嵌的各式圆形陶盘装饰，质朴之余，也在传达关于餐饮的信息；大面积的天花和背景墙被刷上圆弧纹理，空调出风口则设计成水纹状的圆形，犹如水波荡漾；入口及大包厢的玻璃表面漆上海水螺旋状，大圆套小圆的效果也被不断重复。公共就餐区的隔断围栏内，白色水平管织成有序的纵向线条，传达雨的概念。此外，以水母、海藻等海底生物为创作原型，进行变体处理的落地灯散落空间。蜿蜒的体态和流水般的纹理，整体造型风姿错约，其藤制工艺在无形中又增添了几分清淡雅致的情趣。

新东方的巧妙之处莫过于将传统意境与当代艺术、传统元素与当代手法巧妙融合，设计师恰如其分地表达了这别有韵味的复合式美学。空间的结构通过大体块的拼接构成，用块面搭接的方式穿透延伸。无论是以传统“弓”字形护栏作隔断的公共就餐区，还是用现代玻璃、方钢和木质踏板围合出的透明封闭包厢，抑或是以原木板块打造的隔断屏风、书架和陈列柜，不同体块之间的组合刻意而又自然，构成了极具表现力的功能区域。空间布局讲究每一个细节的搭配，每个单品对于风格的完整都有自身的意义。

海联汇

基于设计师“以国际性的视野，做区域性的文化”的理念，代表老福州文化的装饰被巧妙运用：餐厅酒店内部入口处的背景墙，描绘着昔日大洋百货、中亭街、仓山老城区的素描跃然于上。包间内部，以三坊七巷的旧建筑符号为题材定制的手绘作品占据半壁。设计师对传统文化氛围的渲染也匠心独运：餐厅外部入口以一方青竹、一方泉水、一方陶缸荷叶散发淡淡的闲情雅致；入口内部开辟品茗区，以明式家具的硬朗造型传达质朴、轻松的氛围；由大小不一的原木块组合而成的屏风上刻着唐代古诗《春江花月夜》的节选；原木书架和陈列柜分别放置陶瓷工艺品和传达养生药膳概念的中药材、菌菇标本。而满置葡萄酒的酒文化包间、由几张组合拉伸处理的藤制餐椅、室内印象派风格的水墨画作等现代元素则传递出更加多元的审美主张。当意象了的东方元素与现代时尚感邂逅，当那些象征各异的古韵气息悄然融入现代工艺感的环境，亦如包容、内敛而低调神秘的个性一般，浓妆淡抹且静水流深。

Those Years Coffee
那些年咖啡

项目名称：那些年咖啡
项目地点：浙江杭州
建筑面积：350m²
设计单位：杭州 ZW 建筑设计机构
设 计 师：周伟
主要材料：旧家具、旧地板
摄 影 师：王飞

地处杭州的那些年餐厅是一间帮助人们回忆过去，重温旧日时光的餐厅。餐厅白色的墙壁以怀旧照片以及古朴挂件装饰，木质餐桌配上黑色皮质沙发，打着黄色的灯光，仿佛让客人穿越了时空，品味美食的同时享受那些年的质朴与平静。

洗手間
WASHROOM
那些年
TIMED CAFÉ
TOSHIBA

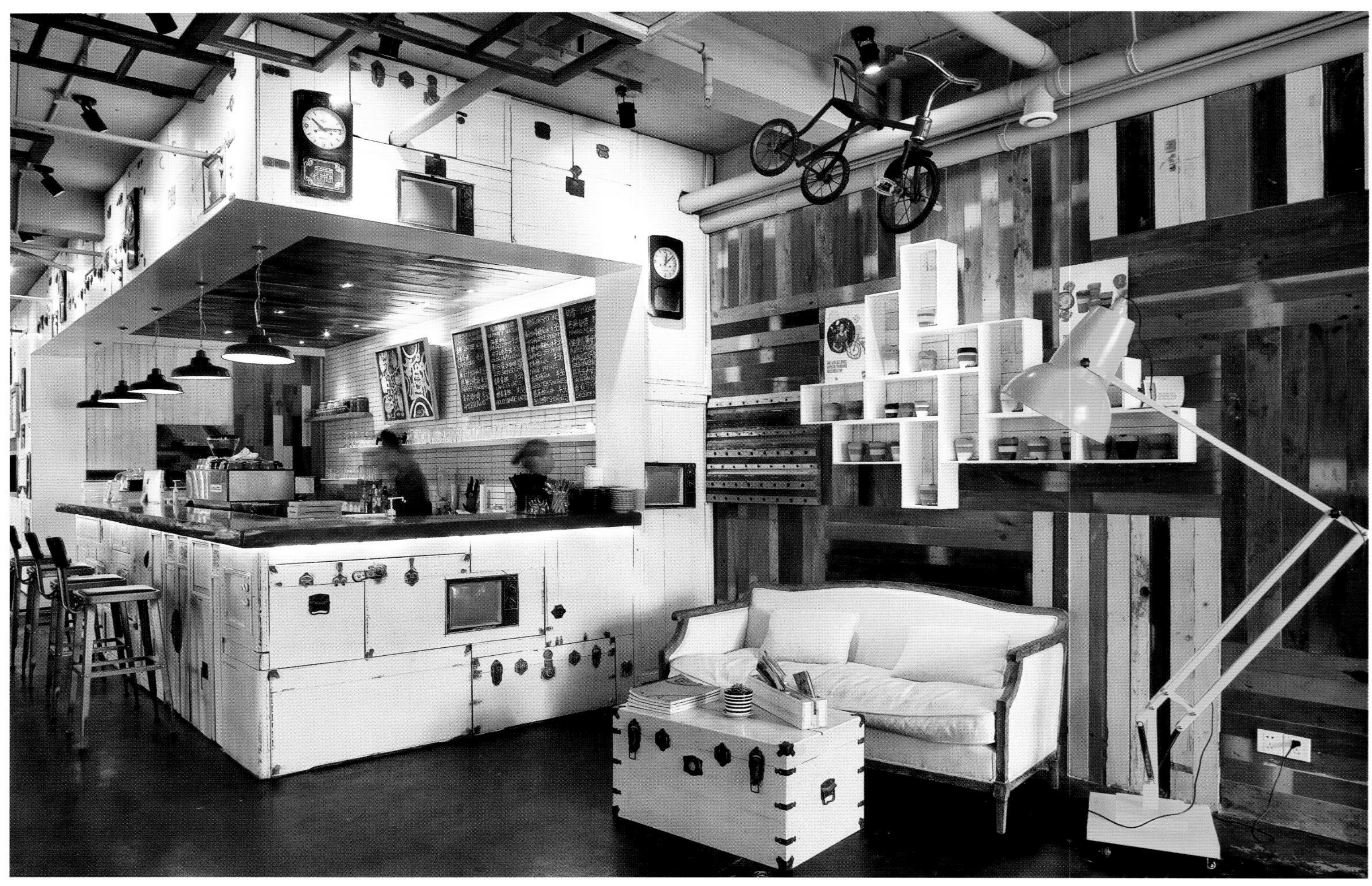

天花仅仅是一些钢管组成的几何图形，简约大气。休息区挂着一辆自行车，代表了那些年的交通工具，让人无限回味。

设计师并没有局限在追忆那些年中，白色吧台的设计，契合年轻人的需求，让整个空间增添了活力。

Karuizawa Pot Matter

轻井泽锅物

项目名称：轻井泽锅物
项目地点：台湾高雄市苓雅区
基地面积：351m^2
设计单位：周易设计工作室
主持设计师：周易
参与设计：陈威辰、陈昱玮
主要材料：铁件格栅、防清水模磁砖、橡木染黑木皮、南非花梨木、南非黑石皮、黑板石片
摄 影 师：和风摄影、吕国企

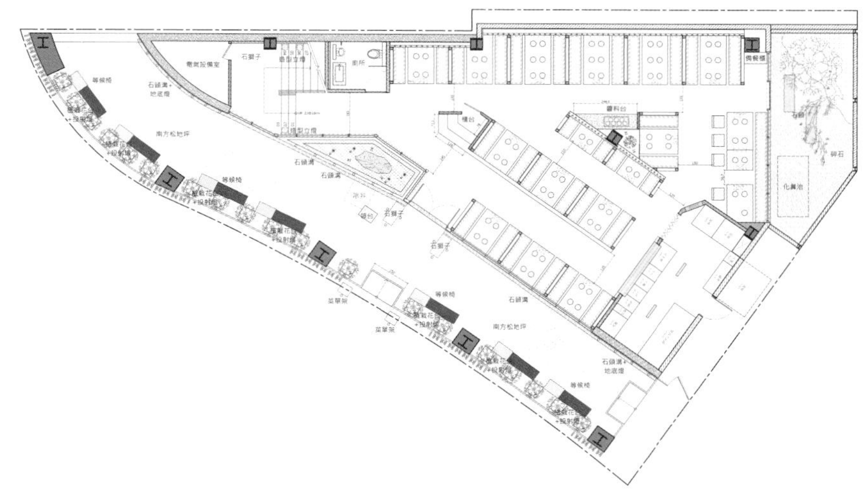

· 平面布置图

延续名闻中台湾的“轻井泽”美学，设计师周易再度以炉火纯青的情境铺陈、灯光计画结合辨识度十足的材质运用与装置艺术，为一向热情的港都，再添排队人潮趋之若骛的餐饮时尚。

远望朴雅宏伟的格栅外观，俨然是新东方美学最贴切的代言，建筑顶端以铸铁拉出轻薄帽缘，让上投影的光保有共同端点，整体沉稳的大地色彩，不仅诠释安定的结构张力，里外更洋溢着一股缓慢的时间感，令人不禁停下脚步，细细品鉴个中悠闲真味。

对开的桧木大门满是虫蛀肌理，甚为珍稀，门旁一对业主珍藏的石狮分踞内外，取男主外、女主内的象征趣味。视线沿着大面连续玻璃窗浏览，内部偏暗调的情境酝酿，和点状散布的灯光布局相辅相成；设计师透过局部斜角退缩的手法，于入口左侧特制一座能多方共赏的镜面灯光水景，搭配造雾器不时的氤氲，为池间一方拙雅凿石增添不少灵秀之气。

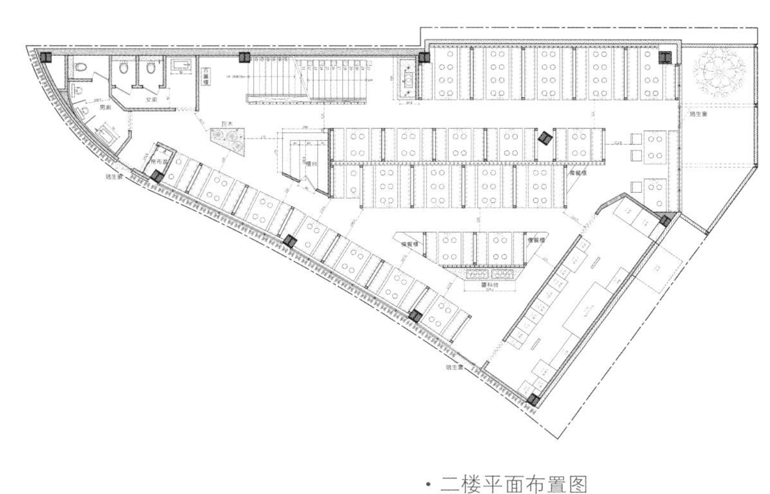

· 二楼平面布置图

内部多达三个楼层的营业空间，分别规划分区的舒适包厢卡座，结合灯光下或灰阶刻沟砖、或大幅水墨背景、深色木格栅、镜面与椅背古老的车轵仔技法，表现老电影场景般既古老又新鲜的怀旧气息，而主旨古朴静谧的情境，则勾勒一种古老与现代交融的冲突演出，引人再三玩味。一楼角落转上二楼的梯间，阶踏面大理石与墙上凿面岩片彼此唱和，穿插渐层木纹板美化的梯线剖面，立面错置的凹格内点点烛光，在鲜明的阴暗光影间，放大写意的几何趣味。

不同楼层的柜台设计师出同门，分别以岩石基座搭配实木台面，展现鬼斧神工的粗犷大器，其中一楼柜台后方悬挂一幅木雕的微笑佛陀脸谱，旁白笑看人间的省悟，二楼柜台旁修饰梯间的造型墙面，则以手工绑上参差漂流木，呈现另类穿透的格栅艺术。一楼后段的用餐区面向后院明亮的落地窗设置，窗外高达二楼的黑色木篱，圈出怡然自得的庭园殊胜，其间垫高的草皮小丘、斑驳日影、灰白卵石精心调味，而取法日式枯山水的自在禅意，早已渗入空气，与人们放松的吐纳合而为一。

Taichu Pasta

太初面食

项目名称：太初面食
项目地点：台湾台中
基地面积：598.4m²
楼地板面积：361m²
主持设计师：周易
设计单位：周易设计工作室
参与设计：王思尹
主要材料：铁件、白水泥＋稻草、黑橡木、杉木、玻璃
摄 影 师：和风摄影、吕国企

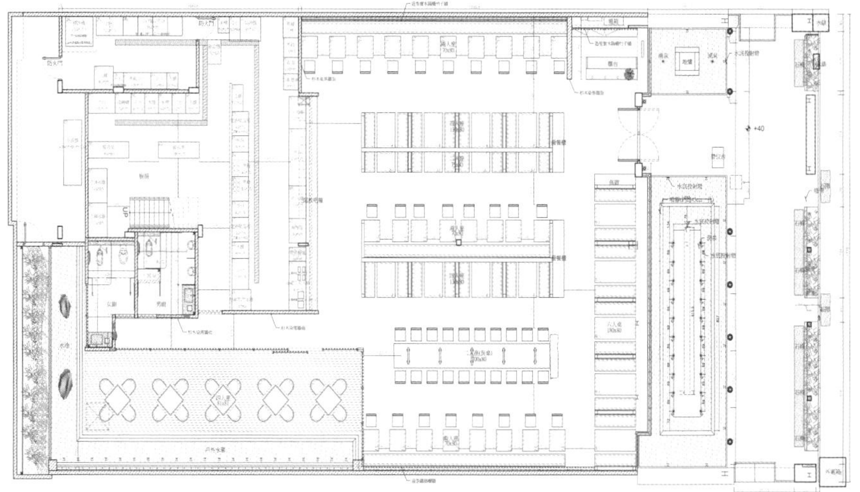

·平面布置图

何曾想过，一段犒赏味蕾的时光，竟能有如此的静谧与浪漫相伴。

诗人喜以春光佐茶，然而真正源自“美”的吸引，这本身就是一股静默的力量，就如同植物之于阳光，唤醒了人们内在最纯真的想望。

太初

麺食 りょうり
TAICHU Noodles Restaurant
太初

麺食 りょうり
太初
麺食 りょうり
TAICHU Noodles Restaurant

太初
太初

This Pot——Royal Food

这一锅——皇室秘藏锅物

项目名称：这一锅——皇室秘藏锅物
项目地点：台湾台中市西屯区
项目面积：525.6m²
主持设计师：周易
参与设计：徐嘉君
楼地板面积：1F 357m²、2F 326.5m²
主要材料：铁件拼接板、仿古磁砖、橡木染黑木皮、黑色烤漆玻璃
设计单位：周易设计工作室
摄 影 师：和风摄影、吕国企

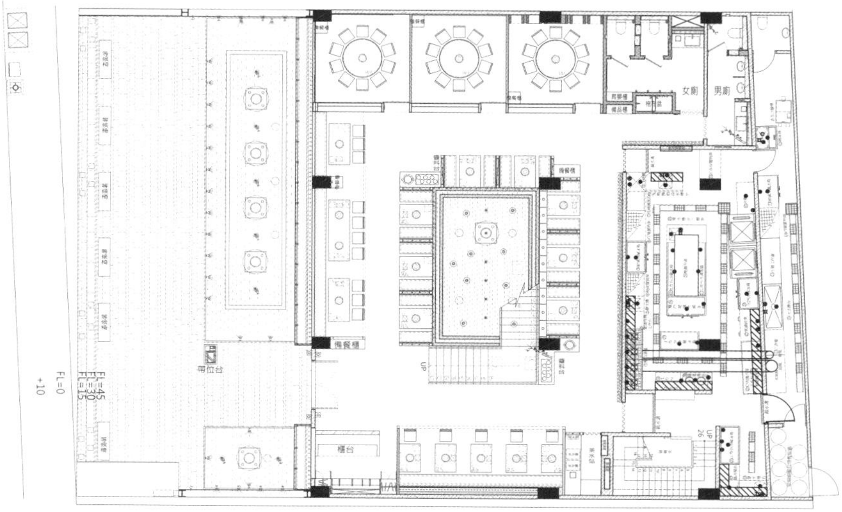

· 平面布置图

建筑立面姿态飞扬不羁的檐板造型，灵感取自古代帝王冕冠顶部的“延”，檐板外观与两侧墙面锈铁般的古朴、时间感，透过素材的几何拼接，呈现皇城高墙的巍峨高耸，配合刻意牵动视线仰望的设计，诠释极度宏伟、沉稳的量体气势。正面采用金属结构、玻璃、麻绳共构的细腻直列格栅，呼应飞檐底部向上投射的灯光，巧妙演绎头冠前后摇曳的珠串印象。

飞檐之下是开阔的前庭，将入口退缩的技巧，自然而然让出一方沉淀心绪的缓衝，踏上三阶分段点缀着简洁地灯的灯光踏阶，远望宛如呈托冕冠的基座，两侧以高低差打造沁凉的镜面水池，巨大朴拙的陶缸、水、灯光，成为灯光魔术师溺爱众人感官的最佳媒材。

This Pot——Zhongshan Branch

这一锅——中山店

项目名称：这一锅——中山店
项目地点：台湾台北
基地面积：380.7m²
设计单位：周易设计工作室
主持设计师：周易
参与设计：陈志强
楼地板面积：1F 209.2m²、2F 288.4m²
主要材料：文化石、大理石、白水泥＋稻草、喷砂玻璃、黑橡木洗白、钢刷梧桐木
摄 影 师：和风摄影、吕国企

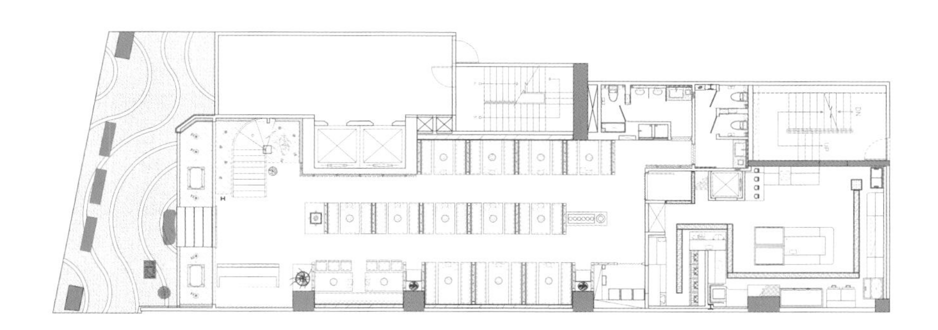

· 一楼平面布置图

位于台北市中山北路的“这一锅”，由知名企业 85° C 跨足经营，以中华饮食文化为出发，标榜将宫廷历史传说“皇室秘藏锅物”重现于现代，企图走出不同的经营定位。

耗资四千多万打造的用餐环境，引来不少人注目，其背后推手正是具有多年操作商空经验的周易。精准掌握企业品牌的营运走向，周易采用雕花、窗花、花片、葫芦等这些具中国东方代表的元素，结合书法笔墨之美及充满艺术风情的设计手法，营造一处有如宫廷意境的餐饮空间。

入门处，则采用中国风的十字格栅，以半遮半掩迂回的方式，让原本外放高调的骑楼景观进入一个神秘而静谧的转折，如此铺陈，为的就是让路过的行人产生某种亢奋与好奇，进而诱发入内消费的冲动。店面外观不仅引人注目，内部空间同样令人惊艳。东方古董的接待柜台搭配文化石背景墙、夹宣玻璃透光廊道、楼梯下营造的水景及风化石等点缀，试图用自然元素来冲淡华丽感，让空间释放出一点休闲放松的气息。

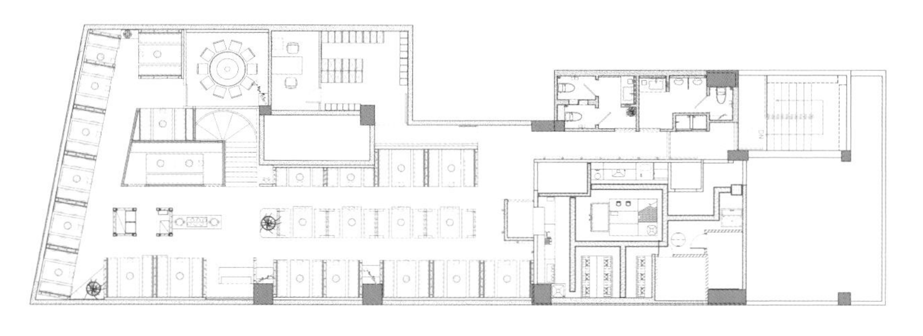

·二楼平面布置图

在营运机能上，他采用典雅的窗框花片区隔坐位，既节省空间又可让每桌宾客享有私密感。仅有的一间大包房，墙面是借景中国苏州庭园柳树垂摆的意象，结合梅花图腾的灯具来展现浓厚的东方人文气息。

灯光营造是空间的灵魂，灯光的部分，他也花了很多心思，“要把光打得精准，空间的层次感才会鲜明，也才能把空间的主体气氛塑造出来。”除灯光外，其他如音乐、摆设、工作人员的服装，这些细节也融入于规划内，不管在设计上还是实用上，都让来客体验到一场如皇室般尊贵的感官之旅。

KYOKU Teppanyaki

KYOKU 铁板烧

项目名称：KYOKU 铁板烧
项目地点：广东深圳南山区白石路东 8 号欢乐海岸
项目面积：450m²
设 计 师：OFA 飞形
主要材料：山纹斑马木、瓷砖、玻璃、软包
摄 影 师：Ivan Chuang

在 KYOKU 铁板烧餐厅，设计围绕着主厨所在的两个烹饪操作台，设置了两个互动吧台，食客可以一边就餐一边欣赏厨师的烧烤技艺。此外，在餐厅的整体设计中，设计师采用了大量“自由形”的元素。设计师一反常态，将大理石和木纹等带有大量不同花纹、颜色、肌理的材料使用到了空间的呈现中。虽然如此，空间的形式结构感并没有就此被弱化，而是显出宛如附着在海床上珊瑚礁的那种绮丽多姿之感。在材料和自由形的相互冲突与作用之中，物料与设计也重新构筑起一种对话融合的方式，一种全新的就餐体验由此应运而生。

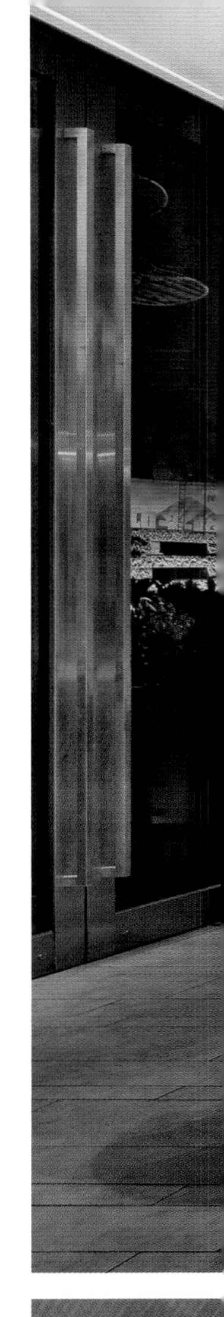

KYOKU Japanese Creative Dishes

KYOKU 日本创意料理

项目名称：KYOKU 日本创意料理
项目地点：广东深圳南山区白石路东 8 号欢乐海岸
项目面积：350m²
设 计 师：OFA 飞形
主要材料：橡木实木，烤漆玻璃，特殊漆
摄 影 师：Ivan Chuang

KYOKU 日本创意料理餐厅，主要供应包括寿司在内的各种经典日式创意料理。木条拼接的墙面及天顶挂件，和软包座椅的颜色纹理相呼应，传递出一种日式的简洁与通透。细长的木条装饰亦将顾客从室外引向室内，从一楼引向二楼，成为联系餐厅各空间的导引。走上二楼平台，便能感受到远处传来的动人南国音乐与海上吹来的清新空气。

KYOKU

Cigar Jazz Wine

The Bar & KYOKU Handmade Grill

The Bar & KYOKU 手作烧烤餐厅

项目名称：The Bar & KYOKU 手作烧烤餐厅
项目地点：广东深圳南山区白石路东 8 号
欢乐海岸
项目面积：The Bar $90m^2$
KYOKU 手作烧烤餐厅 $75m^2$
设 计 师：OFA 飞形
主要材料：The Bar 木饰面、烤漆玻璃、木花格
KYOKU 手作烧烤餐厅 橡木木饰面
摄 影 师：Ivan Chuang

The Bar 和 KYOKU 手作烧烤餐厅的建筑面积相对较小，但离海很近。于是，设计干脆将它们的座位设置在户外，使人们可以更亲近大海与自然。除了海上的美景，两幢建筑也不乏其他看点：窗花移门的设计元素，令 The Bar 充满了浓郁的异域风情，玻璃幕墙的运用使之更显精致；而烧烤餐厅内部的箱体元素，也让这小巧的厨房不失独特的个性。两幢建筑静静地矗立海边，仿佛在海边休憩的美丽少女，也似龙宫的神秘入口。

甚
叙

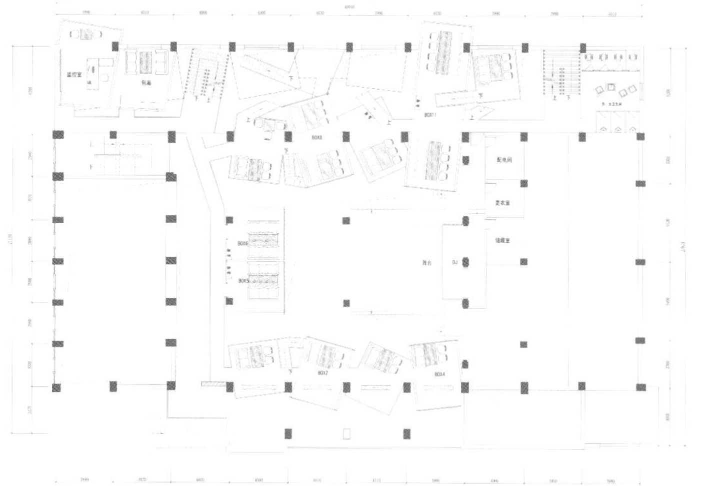

· 二楼平面布置图

在材料的选择上我们选用了大量当地拆迁的旧木板，让旧木板在这里重新焕发青春，槽钢铁丝网和旧木板的对比运用企图打造一个重金属的感觉。本案混搭了多种经典当代家具，让高彩度的家具从整个灰色调的餐厅中跳跃出来。根据区域的不同我们选择了不同的灯具搭配，当然在现场客人还会发现一些很有意思的家具灯具，这些都是设计师现场即兴创作的！比如机器改造的餐台，搪瓷杯改造的灯具……总之当人们迷失在迷城的某个角落总会不经意的发现设计师精心设计的一些有意思的东西。

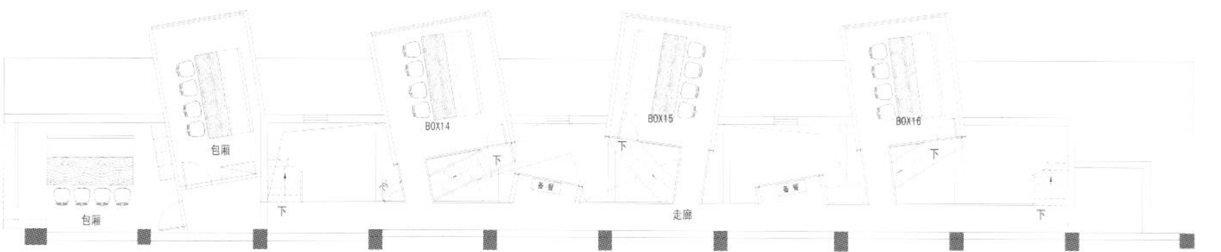

· 三楼平面布置图

设计师小心翼翼地保留了原建筑的外立面，以及门口静谧的小院，保留了具有时代印记的围墙，院子里的每一棵树，在树的缝隙我们用旧窗搭建了3个小建筑。在做院子铺砖时我们刻意留出了当年的路径，希望留给那些曾经在这里工作过的人们一些回忆……

Qiaoting Fish Town
桥亭活鱼小镇

项目名称：桥亭活鱼小镇
建筑面积：200m²
设计单位：福建东道建筑装饰设计有限公司
设 计 师：李川道
主要材料：石磨、木材

传说“桥亭”源自一个溪多、桥多、亭多的桥亭村，那里的村民好以鱼待客，烹煮出的鱼别具风味，具有淳朴的味道。本案设计师结合该品牌的文化内涵，秉承其一贯的仿古风格，更独具匠心的突出精彩的设计，尽显雅致韵味。

青砖石板旧廊桥，不过两百余平方米的面积内，设计师既像是为电影拍摄造景，又像是身边的发小，将记忆里的老画面一帧一帧的回溯。正像对清平世界所描述的夜不闭门，这个迎来送往的商铺以开门见山的方式接客，原汁原味的旧木门敞开着。进门走道的两边，一半是前台一半是入口。入口待客区是廊桥上标志性的座椅，对着俩小儿荡秋千童真童趣的场景、都市里不常见扎染粗布，怕是再急着进餐的宾客也愿意再多等几分钟。

天然的石磨、黑白的老挂画、灰白的绒布软垫，连搭建的木材都是褪色的，像是经过风雨飘摇的桥亭。它虽然失去了原本光鲜亮丽的色彩，却多了一番值得反复寻味的情愫。与大堂的古朴老旧色彩相比，回廊里的景致更为华丽。石墩和大圆柱是乡村里必不可少的元素，大红灯笼高高挂，像是节日里的张灯结彩，热闹非凡。旧时趴在圆木上与小伙伴嬉戏打闹奔走的画面历历在目。

12

复古色彩浓郁的餐厅里，品味的不仅是大鱼一条小菜三碟，还有“记得当时年纪小，你爱谈天我爱笑”细腻情感。设计师呈现的也不再是单纯的餐饮空间，像是造梦者，带着宾客在桥亭回廊间重温旧梦。

Island·Fusion Restaurant

吾岛·融合餐厅

项目名称：吾岛·融合餐厅
项目地点：浙江杭州
项目面积：750m²
设计单位：杭州意内雅建筑装饰设计有限公司
主案设计师：朱晓鸣
设计材料：清水泥、回购老木板、落叶松、肌理喷涂、黄竹、水泥板、纸筋灰、钢板、纤维壁纸
摄 影 师：林峰

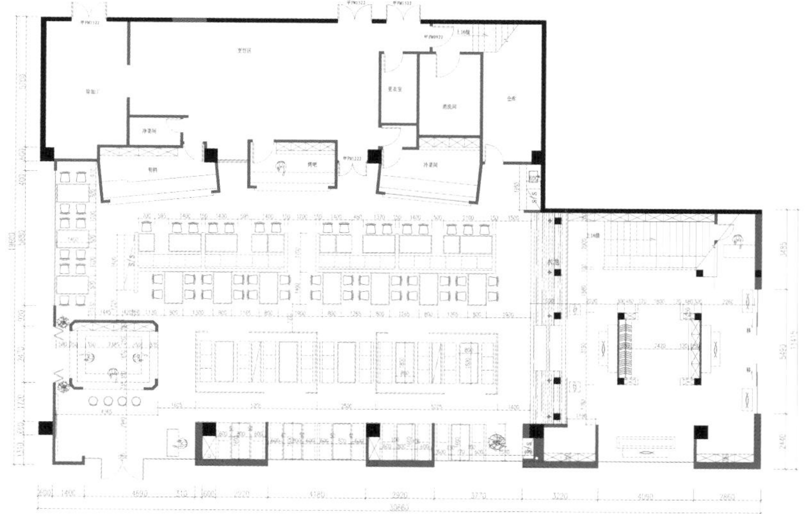

· 一楼平面布置图

随着近几年国内餐饮业竞争的白热化，涌现出不同地域文化、不同风情的精品餐厅。不论形式上的争奇斗艳，还是从文化导入上创造客户的归属感，无不塑造独特的自我气息。

而位于商业步行街地下一层，人流关注较少，交通路线较为分散的场所，该如何通过空间设计来塑造自我的特征进行取巧的业态组合，并由此带来社会广大客户群的关注与传播，便成了我们考虑的重点。

在空间的功能划分中，充分地利用了 5 米层高的优势，将空间划分为前厅、大厅区、卡座区，局部空间将厨房、明档等工作区域与加建的二层包厢进行组合，并在通往二层的交通路径中刻意增加了“愚岛”文创杂货铺区域，极大地增加了空间移步换景的的趣味性，并对客户等位，餐后滞留提供了良好的缓冲区域，减轻乏味的同时又增加了文创产品的关注与销售。

在空间的形式导入中尝试用室内建筑的手法，借以各种拥有共同质感、温暖特性的材料的组合刻画，谋求再现一个素朴、本然、闲静的自然主义渔村印象；尝试将传统餐厅与文创商店进行组合，在餐厅的输出上融合各类健康菜系派别，除却食物还输出音乐、书籍、香道、花器、手工设计产品……不出城廓而获山水之怡，身居闹市而有林泉之致。借以餐饮之名，重拾素朴、健康、怡然清雅的生活态度，传播新都市生活美学。

这就是“吾岛”。

消火栓

Xihong Bridge Pavilion Fish town

西洪路桥亭活鱼小镇

项目名称：西洪路桥亭活鱼小镇
项目地点：福建福州鼓楼
项目面积：335m^2
所属机构：福建东道建筑装饰设计有限公司
主要用材：手工陶砖、特纹玻璃、复古木板、肌理漆、仿古地砖
主创设计：李川道
设计团队：郑新峰
软装设计：陈立惠、张海萍

最真挚的莫过于记忆中那熟悉的场景，最亲切的莫过于记忆中最熟悉的物件，桥亭活鱼小镇西洪店用怀旧的基调，搭建出时间的走廊，让人们像是穿越时空又回到那质朴的年华岁月。在正式进入店中之前要先经过长长的回廊，这里碎花拼贴的瓷砖地面，摆放上灰白的做旧家具，特意打造青瓦的屋檐，加上满满一墙的老照片，预示着我们将进入一个不同于俗的小天地。

小桥流水人家，桥亭一词有着浓郁的水乡小镇的气息，为了呼应桥亭品牌，店内设计围绕古镇元素，特将空间整体打造为古镇模样，各种砖瓦的屋檐、木质的窗户，青砖的墙面还有石桥，给人身临其境的真实感。怀旧是店中另一个重要主题，大量复古的家具与装饰，布局摆设都将人一下拉回到那个年代。不加修饰的水泥地面，只做了最简单的磨平处理，店内的桌椅均用 80 年代最常见的卡座形式，面对面坐着就像是坐在一列往远方奔驰的列车之上，座位间的隔断是铁艺的门框，附加上彩色玻璃与铁丝网，空气中充满着铁锈的老旧气息。

废弃的船木，老旧的窗框在这里得到了新生，它们被重新进行拼接组合，粉刷上不同的色彩，形成墙面隔断替换枯燥死板的白墙，让各区域间形成连通，自然地形成小包厢，透过形态各异的窗子，处处都成为风景。老旧的木头充满着岁月的沧桑感，用它们来装饰空间使空间也沾染上时间的气息。落座在空间之内，品味着鲜美的鱼汤，在朴实的氛围里让味觉、视觉得到享受，恍惚间时间似乎已经倒流。

Blue Lake
罗兰湖餐厅

项目名称：罗兰湖餐厅
项目地址：北京
建筑面积：900m²
设计公司：风合睦晨空间设计
设 计 师：陈贻、张睦晨
主要材料：地面 实木地板、户外菠萝格实木木地板
立面 中空玻璃、肌理漆、红砖皮、户外菠萝格实木板
天花 中空玻璃、实木地板、白色乳胶漆
摄 影 师：孙翔宇

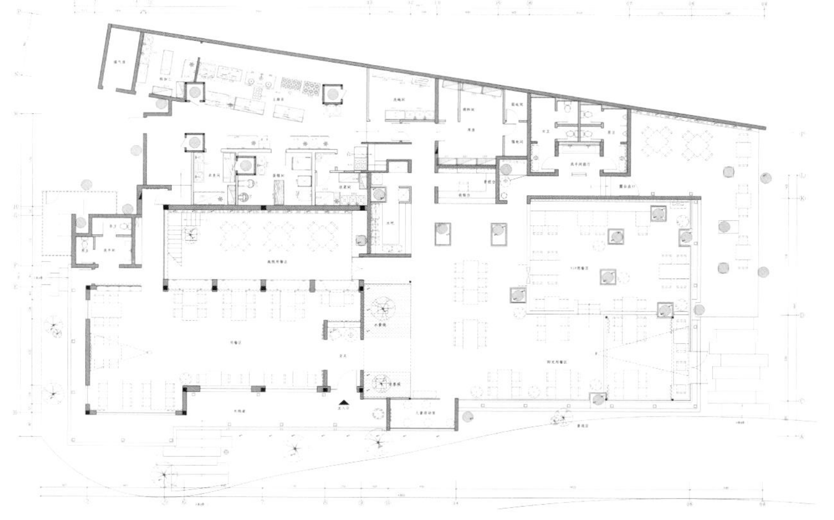

・平面布置图

如今在到处塞满高楼大厦拥挤到令人窒息的北京确实又多了一处值得一去再去的好地方，它就是由风合睦晨空间设计的陈贻、张睦晨倾力设计打造的位于北京丽都花园内，掩映环绕在密林缓坡上的一座既现代又极富自然体验感的建筑体——Blue Lake 罗兰湖餐厅。这是陈贻、张睦晨首次实现的建筑＋室内及庭院景观整体设计的项目。对于那些身心疲惫而想要暂时逃离喧嚣都市并纵情于自然同时又想体验时光慢慢流淌的人们来说这里绝对是一个足够吸引人的名副其实的宁静场所。

尽管是在原有建筑基底上重新翻盖的项目，但出于对自然和原有建筑的尊重，陈贻和张睦晨在设计之先就怀着一颗谦卑的心来看待这片珍贵的原生密林以及尽量体味出原有建筑本有的精神气质和应该保留延续下来的生命气息。他们希望能设计出一个独特的能够融合周边自然环境，从树林中生长出来，并且仍能使得原有建筑生命气息不受任何干扰而继续自然而然地运行并流淌出来的全新建筑。把自然协调成建筑背后的驱动力，将一个保留历史记忆的但却是跟周边的花园景致完全融合的建筑空间呈现给使用者。

新建筑利用原有基底，作了抬高和架空处理，目的是为能更有利地从多角度收纳周边的自然景色，干净利落的玻璃立面让观者一览无余的纵观东向整个湖面全景。整体构筑上做了大刀阔斧的整合处理并结合了东方的阴阳合一理念，构筑了明馆（玻璃馆）和暗馆（实体馆）两部分。树木从建筑体内生长出来，形成茂密的伞状树冠覆盖整个建筑屋顶并包裹住建筑本身，所以设计师在明馆中故意以玻璃围合来消隐建筑顶部和四周的屏蔽，以树叶枝条来过滤阳光、雨露以及雪月、风花，尽力释放人们身处自然中的亲切感受，随着四季和天气的变化而呼吸着瞬息万变的自然气息。另外设计师在有限的空间中特意设计了一个内庭院以增强暗馆的自然感受，内庭院与暗馆之间以落地的玻璃折叠门分隔，门扇完全开启后里外合一，人流及自然气息得以自由流通，使之成为建筑中的一大亮点，也由此成为两馆之间的中心点和连接部分。内庭院与外庭院的设置，让空间相得益彰，内庭院犹如建筑的肺部吸入从外浸润而来的自然气息，同时建筑本身也从内部呼出属于自己的体征气息，使得整个建筑体在林间自由欢快地呼吸着。

建筑应该是有记忆的，它的记忆是关于过去生活的点点滴滴。原有的罗兰湖餐厅创立和建造于 90 年代初，她就像一位值得尊敬的老人在柔声细语地述说着她所经历的所有沧桑变幻以及生活琐事，她的音容笑貌中也显露出历经世风俗雨冲刷的痕迹。看着有些破败，有些寂寥的静静地伫立在那里的旧有建筑，陈贻和张睦晨决定把记忆作为新罗兰湖餐厅的人文诉求点，让时间流转成为空间诠释的主题。让每个前来阅读她、经历她的体验者都能感受到一份既来自罗兰湖前身，又来自我们自己的童年，亦或来自我们的父母曾给我们描述过的他们的童年所保有的那一份怀旧色彩，让人对于时间、对于空间产生出无限的遐想。

静谧的园区环境、丰富多变的自然光线、以及高质量的基础服务设施给使用者带来既生机勃勃又饱含人文艺术气息的独特空间体验感受。“我们试图建造出我们心目中的与真正时空生活概念相对应的建筑。在我们看来，每一个建筑都应该在满足客户要求的基础之上，完美地配合建筑周边的环境，并充分尊重来自自然的独特生长气息，也正是因为这样，我们希望能缔造出一处更贴近人们内心真正渴望的休养生息、呼吸自然、体味生活美好时光的精神场所。” 设计师陈贻、张睦晨如是说。

走进这处林间餐厅轻轻地触摸和感受一下这座建筑在记忆中想要述说的故事，设计师陈贻和张睦晨真诚投入地调动他们对于空间、光影、自然以及讲故事的能力，利用记忆与现实的交替，营造出这处意味深长且充分亲近自然又足够舒适、令人愉悦的建筑空间。

Taipei Mandarin Oriental Hotel Restaurant

台北文华东方酒店餐厅

项目名称：台北文化东方酒店餐厅
设计单位：Tonychi and Associates
设 计 师：tonychi
项目地点：台北
摄 影 师：申强

Bencotto 餐厅由米其林星级主厨 Mario Cittadini 打理，融合优雅的乡村气息和温馨休闲的就餐氛围。厨师在开放式厨房中烹制，选用最新鲜的食材烹饪地道美食，尽可能使用有机和应季食材。诱人的菜单配有各种屡获殊荣的葡萄酒和烈酒以及各种非酒精类饮料。除主餐厅之外，同时设有行政总厨台和 1 间可容纳 12 ~ 50 位客人的私人贵宾房。

雅阁餐厅位于三楼，装修雅致，精选最新鲜的食材烹制经典粤菜。精心制作的菜单以本地出产的食材为主，供应各种由经验丰富的烹饪团队烹制的创意菜式。作为菜单的重要组成部分，还提供各种传统点心、精选葡萄酒和上等茶饮。除了主餐厅之外，雅阁餐厅还提供独特的餐前和餐后私人酒吧以及九间雅致的包房，最大的一间可容纳 20 名客人，装配齐全，是商务和社交聚会的完美之所。

Coco 餐厅洋溢传统法国啤酒馆的风格，环境独特，设有享用咖啡和糕点的专门空间、享用美味小碟的沙龙以及享用正餐的现代法式啤酒馆。 除了精心制作的法式啤酒馆菜肴，这里还供应精选亚洲菜式。 这里的环境轻松而现代，是会友、家庭聚餐或商务宴请的完美之所。 餐厅供应早中晚三餐，结合著名的香水商店 FUEGUIA、Le Petit Caf é 咖啡馆和阅读奢侈品杂志的 PAGES 图书馆、享用小碟美食的沙龙、享用轻松而私密的正餐的啤酒屋。 私人贵宾房位于五楼，可容纳 32 名宾客。

Fei Honey Coffee Shop Snacking

绯蜜咖啡轻食馆

项目名称：绯蜜咖啡轻食馆
设计单位：南京名谷设计机构 ME70 陈设组
项目地点：南京市中山路艾尚天地
项目面积：360m^2
设计撰文：八路
设 计 师：潘冉
主要材料：水泥自流平、马来漆、防火板
摄 影 师：金啸文

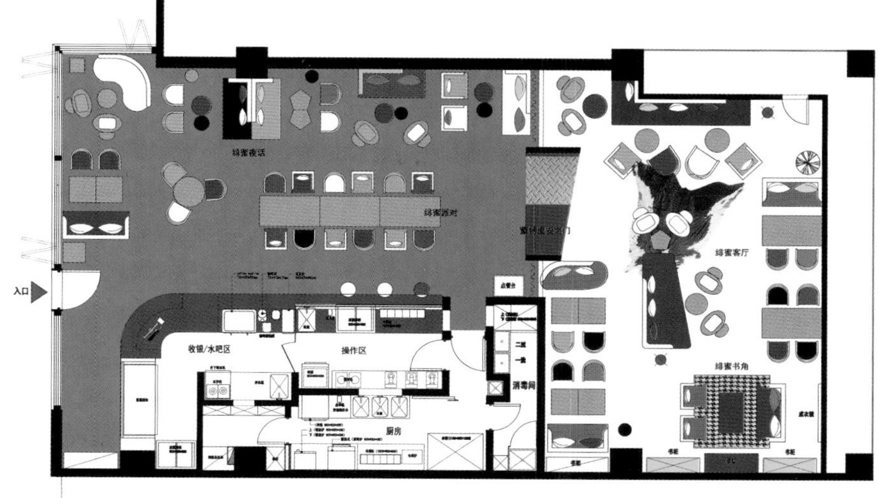

· 平面布置图

"绯蜜咖啡轻食馆"——在 JACO 的作品中，是笔者相当期待的一部。首先，蒙特里安同样是笔者非常尊重的大师，向大师致敬是一件严肃的任务，绝不是挂一两幅红黄蓝的印刷品就能轻松完成的工作。其次，可以亲眼一睹JACO大叔的"少女风彩"也是一件乐事儿。"奇异瑰丽、自在随性、性感俏皮"是店主对空间气质的期待，而邀请作品大多以沉稳、内敛风格呈现的 JACO 主持设计，这种投资行为本身亦属"后现代"。

更多时候，钥匙也不是必须品。

一间不大的咖啡店，虽不说能一眼望穿，拐个弯儿在墨色墙面的尽头便能看见梦露在憨笑。它的创作者安迪·沃霍尔说过：“ Every thing is beautiful. Pop is everything.”（所有的事物都是美丽的，波普就是所有的事物。）软装方面，不难发现设计师加入了不少波普风的元素。内部陈设的家具抑或采用了强烈的色彩处理，抑或在造型上强调了其新奇和独特，配饰则保持了明朗轻松的艺术风格。悬浮在空中的卓别林礼帽很呱噪：“嗨！敢打赌么！我们是 UFO!”红色的“招财狗”殷勤地对待每一位客人“我得努力工作，要不主人会把我漆成黑色。亲爱的，别偷看隔壁的史密斯太太，她有暴力倾向的丈夫会把你撕成碎片！汪汪！”是的，这里就像一个客厅，挥霍快乐，自由自在，不管是不是符合所有人的口味，在这里，任何事物看上去都不会粗俗，游戏性的混合在一起产生出奇异的艺术感。波普风有时会被评价为 taste 不够 high。但是作为年轻人宣泄情感、充满表现欲的一种流行方式，它具体而又现实，既叛逆反抗又性感有趣，着实讨人喜欢。

重新说到蒙德里安，笔者认为，设计师更追求对已故大师哲学思维的认知、方法论的理解运用。这就是为什么，在一个纯度如此之高的波普动感表皮下塑造的空间里，仍能感受到“稳定”。

大家都知道艺术成熟以后的蒙德里安很少用绿色、紫色这些过渡色，他追求的是纯粹，这些纯粹一度被理解为经过洞察和内省后重新创造的秩序和极度简化的纯粹抽象构成的自然。因此他剔除了绿色，因为绿色是黄色和蓝色的调和，一旦有了调和就可能破坏了纯粹。所以他的“原色”，可以理解为一种象征着脱离了自然外在形式的纯粹“象征”之色。而JACO 在对大师艺术作品极为了解的情形下，偏偏在这个空间里注入了大量绿色，这一举动可以被理解为一个“自然—纯粹—自然”的反馈空间的艺术行为。

为什么选择绿色，而不是橙色或者紫色，可能更多的原因在于绿色相对拥有更冷静平稳的性格，同时也是自然界中频率最高的颜色，设计师在这里重新暗示，点题自然。总而言之，1+1+A+B=3 若 A+B=1，则成立。

一半写实一半虚构的伪壁炉，同种形态下不同颜色与质感，同种颜色的不同形态，同种颜色与形态的不同折射度的家具陈设，在光的催生下，在影的结果中，在稳定中变化，在变化中对比，在对比中和谐。光与影的因果关系构建出物体的多样形貌。当光穿越百重千叠的介质，落在地上，洒在墙上，依在身上，颤动喘息的灰色斑点在空间中唤起了“风”。于是这个空间中平静的光的流动，胜似极明的光线，指引我们透过盲目，进入更深的察觉。这里就像一个结界，光亮与黑暗同房，色彩与黑白同生。如果说黑暗里的一道光像一把匕首，割断满心纠缠与不安；这里的光，则像一条小溪，蜿蜒着从高处泻下，奔流着、渗透着、纠缠着、融合着所有，蕴含着力量激发出数不清的感知层次。

不知不觉写了许多，情不自禁很宠爱这个“小地方”，它明亮、鲜艳、充满光感的色彩。它自由灵动，温暖亲切，散发着色彩的光辉。当你艰难的咀嚼着 “我是那惨遭杀害的连雀的阴影/凶手是玻璃那么虚假的天空”时，角落里橙色娃娃头的妹妹嘤嘤“I become a stone /not in time eternal /but in the present that transpires”。嘿，我说，我有一个答案，如果它不算是纯粹的谎言，那也一定带有很强的个人色彩。Gossip girl，我不能否认自己是个喜新又善变的人。但你拥有的绚丽色彩，像彩虹一样，令我心动。

Generous House
宽宅

项目名称：宽宅
设计单位：武汉朗荷室内设计有限公司
设 计 师：马先锋、谢玉白、黄梦凡
项目地点：武汉
建筑面积：2625m^2
主要设计材料：石材、实木地板、亚麻布、肌理漆、石材立柱
摄 影 师：吴辉

宽者，广阔、度量宽宏、舒缓、富裕。

宅者，在中国传统居所制式中有院落的房子才能称之为宅。

宽宅，在中国传统文化中多象征富裕尊贵之家。

本项目品牌定位为人文情怀高端商务宴请“宽家菜”会所；品牌意念为“天地之宽，以食聚近”；品牌形象在于“贵而不奢，奢以致雅”；品牌文化为“宽居而饮，成就你我”。

一楼大堂引自古代唐宋江南古建筑的架构理念，融合中国 5 大窑古瓷色彩之精华，运用现代空间艺术，展现古建之风于当今时尚中国之美。展现了“易理之美”，让您感受金木水火土五行流通之气息，以表达我们“中正融合”的思想理念。

一楼卡包是新思维与古风的碰撞，我们想借新时代“T“台秀场的理念，为您打造出一个静谧雅致的私秘餐饮空间，秀的是空间气势，享受的是私属静谧。

二楼大堂是我们这个大宅的会客厅，朴素雅致代表我们的好客之道，天地之宽是主人玩味人生的意境，留连于此，我们与您共同期盼一场美食的盛宴。

二楼宅院的设计描绘的是主人的人生经历故事。

宽宅本着探索中国饮食文化情调优雅，氛围艺术的最高境界，以宅中宅的概念为主线，以“美器”“夸名”“佳境”三个方面来表达我们对中国饮食文化的最高敬意。